AF859819

Transition énergétique

Ces vérités qui dérangent !

Bertrand Cassoret

Transition énergétique

Ces vérités qui dérangent !

Deuxième édition

Préface de Brice Lalonde

deboeck SUPÉRIEUR

Dans la même collection :

Les exoplanètes, Flavien Kiefer, 208 pages

Les trous noirs. À la poursuite de l'invisible, Alain Riazuelo, 2ᵉ édition, 240 pages

Le climat dans tous ses états, Pierre Martin, 192 pages

Pourquoi le nucléaire, Bertrans Barré, 176 pages

Initiation à la physique quantique. La matière et ses phénomènes, Valerio Scarani, 192 pages

L'univers secret de la cryptographie, Gilles Dubertret, 176 pages

La matière noire. Clé de l'Univers ?, Françoise Combes, 192 pages

Constellations et légendes grecques, Marie-Françoise Serre, 224 pages

La météo à l'origine de tous nos maux ?, Jacques Fontan, 160 pages

Pour toute information sur notre fonds et les nouveautés dans votre domaine de spécialisation, consultez notre site web :
www.deboecksuperieur.com

En couverture : Panneaux photovoltaïques de la centrale électrique Xinyi à Songxi dans la province de Fujian, Chine. © Barcroft Media *via* Getty Images
Relecture : Alain Rossignol
Mise en page et couverture : SCM, Toulouse

Dépôt légal :
Bibliothèque royale de Belgique : 2020/13647/004
Bibliothèque nationale, Paris : février 2020
ISBN : 978-2-8073-2833-4

Tous droits réservés pour tous pays.
Il est interdit, sauf accord préalable et écrit de l'éditeur, de reproduire (notamment par photocopie) partiellement ou totalement le présent ouvrage, de le stocker dans une banque de données ou de le communiquer au public, sous quelque forme ou de quelque manière que ce soit.

© De Boeck Supérieur SA, 2020 – Rue du Bosquet 7, B1348 Louvain-la-Neuve
De Boeck Supérieur – 5 allée de la 2ᵉ DB, 75015 Paris

Table des matières

Je tiens à remercier :

• Brice Lalonde, président de l'association Équilibre des Énergies, ancien Ministre de l'environnement, ancien Ambassadeur des négociations internationales sur le climat et ancien Coordonnateur exécutif de la Conférence des Nations unies sur le développement durable.

• Jacques Foos, professeur honoraire au Conservatoire national des arts et métiers, physicien, ancien directeur du Laboratoire des sciences nucléaires du CNAM, pour son soutien, la relecture et la rédaction de l'avant-propos de cet ouvrage.

• Mon collègue le professeur Raphaël Romary, enseignant-chercheur en génie électrique à la Faculté des sciences appliquées de Béthune, université d'Artois, pour la relecture de cet ouvrage et les discussions constructives que nous avons eues.

• Ma femme Marina Lainé, pour sa relecture attentive, son esprit critique, ses corrections et suggestions, et pour avoir supporté mes cogitations et insomnies durant les mois de rédaction.

• Alain Luguet des éditions De Boeck Supérieur, pour la confiance qu'il m'accorde et ses conseils.

Préface de Brice Lalonde

C'est un honneur pour un écologiste d'être sollicité pour la préface d'un livre où l'auteur confronte aux lois de la physique quelques croyances et visions communément attribuées aux écologistes. Périlleux, mais stimulant. Encouragé par son évidente bonne foi, j'ai suivi Bertrand Cassoret, Candide moderne, dans son panorama des consommations et des sources d'énergie ainsi que dans l'exploration des choix possibles pour l'avenir de celles-ci, ce qu'on appelle la transition énergétique. Transition ! Sait-on seulement où elle doit nous mener ? C'est l'un de ces mots tant chargés de sens qu'ils finissent par s'émousser. S'agit-il de clopiner le long d'un sentier côtoyant l'effondrement, mais menant vers quelque monde idéal ? Ou, plus prosaïquement, de sevrer l'humanité des combustibles fossiles pour préserver son meilleur allié depuis cent siècles, le climat ? C'est cette voie que je retiens tant j'ai peur de la catastrophe climatique, tant l'aveuglement des sceptiques et des cyniques me révolte.

Les combustibles fossiles, charbon, pétrole, gaz naturel, sont les premiers responsables du désastre en cours, le réchauffement et son cortège de catastrophes, mais aussi de la formidable prospérité des trois cent dernières années. Sans doute ont-ils contribué à la rareté des guerres, des famines, des épidémies depuis le dernier demi-siècle. Un trésor à préserver ! Remercions-les et prions-les de s'en aller maintenant. Ils représentent encore 80 % de la consommation d'énergie mondiale. Mais jamais l'humanité n'a été confrontée à une telle accumulation de crises qu'aujourd'hui, nées de la destruction de la nature. En bon pragmatique, Bertrand Cassoret ne méconnaît pas la pertinence des interrogations sur la croissance indéfinie dans un monde fini, mais il se concentre sur l'énergie, considérée comme l'un des principes, sinon le premier, du progrès humain. L'énergie, c'est son job, il connaît, il la voit partout à l'œuvre. Elle est omniprésente dans les activités sociales, à la maison comme dans l'économie, dans toutes les machines, dans les transports et les communications, au point que sa présence est souvent méconnue, ou du moins considérée comme normale, acquise, jusqu'à ce qu'une panne, une grève ou une augmentation des prix la rappelle à notre conscience.

Sortir des combustibles fossiles pour éviter les émissions nuisibles au climat, telle est la transition. Rappelons que le CO_2, gaz carbonique ou dioxyde de carbone, émis chaque fois que l'on brûle du charbon, du pétrole ou du gaz naturel, est le gaz à effet de serre le plus durable dans l'atmosphère. Le gaz naturel imbrûlé, ou méthane, a une action néfaste plus puissante, mais heureusement une durée de vie plus brève. Donc il faut éviter d'envoyer du CO_2 ou du gaz naturel dans l'air. Il se trouve malheureusement que cet objectif simple qui devrait servir de fil d'ariane dans le dédale des urgences quotidiennes est concurrencé, voire supplanté, par d'autres objectifs qui, poursuivis sans limite, le contrecarrent au lieu de le soutenir : réduire la consommation d'énergie, réduire la part du nucléaire, accroître celle des renouvelables. Voyons le détail.

Une belle unanimité s'exprime pour réduire la consommation d'énergie qui, cependant, semble stagner. Au moins si le PIB augmente, c'est que la quantité d'énergie par point de croissance diminue. Les progrès d'efficacité énergétique sont toujours bienvenus, à condition qu'ils n'entraînent pas d'effet rebond (une voiture économe permet de rouler davantage, ce qui annule le gain). Mais, à la lecture des lois et de certains scénarios proposés pour la transition, il s'agirait bien davantage de réduire massivement la consommation d'énergie des Français, au moins de moitié, ce qui permettrait peut-être de s'en tenir aux sources renouvelables. La faisabilité de ces scénarios est scrutée à la loupe par l'auteur qui s'interroge d'abord sur l'ampleur d'une réduction qui confine à la pénurie.

L'énergie ne fait pas le bonheur, écrit-il, mais elle y contribue. La sobriété est vertueuse. En revanche la privation pourrait déclencher une crise politique majeure. La colère des gilets jaunes doit faire réfléchir. C'est donc du côté de la demande, et non seulement de l'offre, qu'il convient de porter le regard. Passons en revue les usages familiers de l'énergie dans la vie de tous les jours. Comment voulons-nous habiter, manger, nous habiller, travailler, nous divertir, communiquer, aller et venir, prendre des vacances ? Si nos consommations ne sont pas tenables, à quoi faut-il renoncer, comment diminuer la consommation d'une façon équitable ? Mais, à l'inverse, si l'énergie peut être décarbonée et produite proprement, pourquoi faudrait-il empêcher les Français d'en profiter ?

La désindustrialisation et les nouveaux marchés ont envoyé les usines en Asie, augmentant ainsi l'empreinte carbone des Français laissée par leurs importations. À cet égard la réindustrialisation du pays pourrait contribuer paradoxalement à réduire les émissions mondiales si l'on considère que les exigences environnementales de l'Europe sont plus sévères qu'ailleurs. En l'absence des industries, les deux sources principales d'émissions de gaz à effet de serre du territoire national sont les transports et les bâtiments. C'est donc là qu'il faut porter les efforts.

L'industrie automobile est tenue aujourd'hui de produire des véhicules électriques, les collectivités d'installer des bornes de recharge et tout le monde de veiller à la propreté et au recyclage des batteries tandis qu'une complémentarité pourra s'établir entre le véhicule, la maison et le réseau électrique. Aux heures creuses on chargera la batterie de la voiture, aux heures de pointe on vendra l'électricité de la batterie au réseau. Simple ! Mais où sont les bornes de recharge qui devront être compatibles et communicantes. Où sont les usines européennes de batteries. Pas si simple donc. Ajoutons tout de suite que dans les années à venir, l'énergie des voitures particulières sera l'électricité, et pas l'hydrogène parce qu'il faut savoir produire celui-ci proprement. En revanche il est promis à un très grand avenir comme le compagnon de l'électricité.

L'avenir de l'énergie sera en grande partie électrique pour trois raisons : parce que l'électricité peut (et doit) être produite sans CO_2, grâce à l'hydraulique, au nucléaire et aux renouvelables ; parce qu'elle remplace efficacement et proprement le pétrole dans de nombreux usages (véhicules par exemple) ; parce qu'elle se prête naturellement à la digitalisation dont elle est le vecteur. Et la digitalisation est l'auxiliaire indispensable d'une infrastructure électrique plus complexe. Actuellement l'électricité couvre 25 % de nos consommations finales, il faudrait que ce chiffre atteigne au moins 50 %. Et si l'hydrogène a l'avenir devant lui, c'est qu'il peut offrir le meilleur stockage de l'électricité grâce à l'électrolyse de l'eau, une façon de remplacer le pétrole par l'eau ! À terme l'hydrogène décarboné pourrait devenir le combustible universel. Il naîtrait d'abord des surproductions d'électricité générées par le bric-à-brac du réseau, puis à partir de centrales dédiées. Il voyagerait tel quel, ou porté par une molécule plus grande, dans les infrastructures fossiles reconverties. Une belle perspective mondiale et une superbe entreprise collective à mener.

Quant aux bâtiments, dont le stock est renouvelé à raison d'un pour cent chaque année, leurs émissions dépassent le volume que les pouvoirs publics leur avaient assigné dans la Stratégie nationale bas-carbone. Tout simplement parce que 80 % des bâtiments collectifs neufs sont chauffés au gaz. Étonnant n'est-ce pas ? L'explication tient à une absurdité réglementaire appelée énergie primaire. La réglementation française des bâtiments, dite RT 2012, fixe aux bâtiments neufs un plafond de consommation d'énergie – mesurée en énergie dite primaire – de 50 kWh par mètre carré et par an. Mais elle pénalise l'électricité, et seulement l'électricité, d'un handicap qui lui impose de rester, elle, à moins de 20 kWh, ce qui de fait interdit le chauffage électrique.

Pourquoi cette inégalité ? Parce que l'électricité n'existe pas dans la nature sous une forme accessible. Elle n'est pas une énergie primaire, il faut la produire et, pour la produire, il faut dépenser de l'énergie. C'est parfaitement exact, mais c'est sans intérêt dans la transition énergétique française si la priorité est la réduction des émissions qui altèrent le climat. Au contraire cette réglementation entrave l'objectif puisqu'elle barre la route à l'électricité décarbonée au profit du gaz fossile émetteur de CO_2.

La pénalité pouvait se comprendre quand l'électricité était produite à partir de combustibles fossiles, ce qui est encore le cas en Allemagne, en Pologne et dans bien d'autres pays. En effet, c'était plus efficace de brûler directement du charbon dans sa chaudière plutôt que dans une centrale électrique dont on utiliserait ensuite l'électricité pour se chauffer. Donc économiser l'énergie primaire *fossile* a un sens. Mais tout change avec l'hydraulique, le nucléaire et les renouvelables. On ne peut pas valoriser l'uranium autrement que dans un réacteur nucléaire, ni une retenue d'eau autrement que derrière un barrage. À partir du moment où l'objectif principal est de sortir des fossiles, il est paradoxal que la politique française d'économies d'énergie dans le bâtiment se traduise par une augmentation de la consommation de gaz et des émissions de CO_2.

Pour associer les Français aux efforts d'économies d'énergie, il est logique d'exprimer la consommation des bâtiments en énergie finale, c'est-à-dire celle qui est réellement livrée et mesurée au lieu d'utilisation. C'est celle-là qu'ils connaissent et qu'ils paient, donc qu'ils savent économiser. À l'inverse, soumis à une mesure d'énergie primaire incompréhensible, ils sont alors prisonniers de choix énergétiques imposés en amont des bâtiments par je ne sais quel comité central. Aujourd'hui le chauffage électrique est d'autant plus performant que les bâtiments sont bien isolés, que les radiateurs connectés et pilotables remplacent les vieux convecteurs, et que la pompe à chaleur s'impose comme une source d'énergie quasiment renouvelable fournissant trois fois plus d'énergie sous forme de chaleur qu'elle n'en consomme sous forme d'électricité. Pourquoi cette singularité réglementaire dans les bâtiments alors que l'électricité est, au contraire, encouragée pour les voitures particulières ? Sans doute parce que le gaz est un groupe de pression puissant et que les doctrinaires du rendement énergétique traquent les calories sans se soucier des émissions de CO_2.

Le chemin de la transition n'est pas le fleuve tranquille que l'on imaginerait volontiers. Bertrand Cassoret aborde utilement la question sous l'angle des lois implacables de la nature. Il s'étonne que de soi-disant experts s'en affranchissent. Mais les faiblesses humaines et la politique s'en mêlent. Je n'ai pas rencontré un ministre ni un député qui comprenne les enjeux de la mesure en énergie primaire ou finale dans le temps qui m'était imparti pour les exposer. En revanche j'ai rencontré beaucoup d'administrations et d'organismes qui combattent l'énergie nucléaire plutôt que le changement climatique. Jusqu'à des ministres qui se font une gloire de fermer d'autorité une centrale nucléaire en parfait état de marche. La question va être de savoir si la place du nucléaire est simplement réduite, par souci de diversification, ou carrément vouée à disparaître par élimination. Quelles seraient alors les conséquences de chaque branche de l'alternative sur l'objectif de réduction des émissions ? Les réponses sont cruciales. Les politiques doivent baliser la transition. L'industrie a besoin de s'organiser.

C'est l'éléphant dans la transition : l'énergie nucléaire… Oui nous sommes quelques-uns parmi les écologistes à taire, voire abandonner, l'hostilité que nous lui portions. Le changement climatique est tellement monstrueux que nous voyons le nucléaire avec d'autres yeux. L'énergie nucléaire produit beaucoup d'énergie avec très peu de CO_2, elle occupe peu de surface, son impact est moindre que celle du charbon, source d'énergie meurtrière, ou que celle du gaz qui fuit au grand détriment du climat, et qui fait sauter des maisons de temps à autre. Le nucléaire est donc très utile contre le changement climatique. Il est grand temps que les antinucléaires cessent de se contorsionner pour nier l'évidence. Le dénigrement systématique du nucléaire n'est plus de saison.

La mission première des écologistes est de défendre les conditions de vie à la surface de la planète. Elles se détériorent gravement, frappées d'abord par le dérèglement du climat qui est la mère des crises. Résumons : le nucléaire est un allié puissant contre le changement climatique. Combattre un allié au lieu de combattre l'ennemi, c'est risquer de devenir, qu'on le veuille ou non, complice de celui-ci. Je ne voudrais pas que les écologistes vitupèrent le nucléaire par dogmatisme, lui préférant même le gaz fossile, et deviennent la cinquième colonne du changement climatique en rendant la bataille plus difficile à gagner. Ce serait tragique.

Pour autant, si le nucléaire est indispensable dans la transition, et peut-être au-delà, il n'est pas parfait, il coûte cher, il manie des produits dangereux, il laisse des déchets durables. À la façon du capitaine Haddock avec son sparadrap, il est sans cesse rappelé au suivi minutieux d'une chaîne d'activités qui semble sans fin. Peut-on l'améliorer ? Pour ma part je pense qu'il faudrait renforcer une gouvernance internationale et travailler à la transmutation des déchets. Si la France suspend le projet de réacteur à neutrons rapides surnommé Astrid, elle devrait coopérer à Myrrha, projet d'un prototype industriel de réacteur transmuteur situé à Mol en Belgique. La transmutation se propose de réduire d'un facteur mille la radiotoxicité des déchets, les amenant au bout de trois siècles à la radiotoxicité de l'uranium dans la nature.

Bien entendu le nucléaire n'est pas la seule source d'électricité décarbonée. Il devance aujourd'hui l'hydraulique et les autres sources renouvelables, principalement éolienne et solaire. Il se trouvera bientôt flanqué d'énergies renouvelables ou bien il deviendra plus modestement leur suppléant, selon le rôle qu'elles joueront, second ou premier. Bertrand Cassoret est sévère avec elles, notant que leur puissance est insuffisante, que leur production d'électricité est somme toute assez faible, bien plus faible évidemment que leur capacité théorique, en dépit des soutiens dont elles bénéficient. Mais le temps des subventions généreuses s'achève et s'il est vrai qu'elles ont encore les pieds un peu sales à cause des matériaux qu'elles font venir de Chine ou d'Afrique, il n'y a pas de raison de se priver de l'apport du vent et du soleil lorsqu'il y en a. L'intérêt du renouvelable est bien d'utiliser le revenu accordé par la nature plutôt que d'épuiser le capital des sources fossiles ou minérales.

Il suffit de constater la croissance des capacités installées dans le monde et en Europe pour comprendre, comme saint Thomas, que cette croissance est la preuve de leur réussite. Les énergies renouvelables électriques commencent à bouleverser le paysage de l'électricité, transformant l'équilibre des réseaux qui passent d'une architecture centralisée de grosses centrales à un système hétérogène, un bric à brac d'installations de toutes tailles, qui doit s'adapter aux caprices de la lumière et du vent. Chères à l'investissement, mais quasi gratuites au fonctionnement, les renouvelables électriques profitent de la tarification au coût marginal (le coût d'un kilowattheure de plus) pour s'imposer et font tomber les prix de gros de l'électricité à un niveau si bas qu'ils ne permettent plus d'investir dans des installations pilotables. Sans doute faut-il revoir les règles du marché européen. En effet il faut aux renouvelables un remplaçant en cas d'interruption, une installation dite pilotable qu'on puisse actionner à la demande en cas de carence. Ou alors un complément que nous n'avons pas encore, le stockage de l'électricité à l'échelle et à la durée requises.

Aujourd'hui l'énergie photovoltaïque devient la source d'électricité la moins chère. Dans le monde en développement, elle est la clé de l'accès à l'énergie, et d'autant plus en l'absence de réseau. Mais elle n'est pas encore capable d'alimenter les grandes villes. Doit-on partager les réserves de l'auteur ? Du four solaire à la cellule photovoltaïque elle s'adapte à de nombreuses configurations qui n'ont pas toutes été mises en œuvre. J'admire la métamorphose du photon en électron, sans combustion, sans pollution. Mais je me demande parfois si la vocation des renouvelables en France n'est pas d'abord d'assurer la résilience locale, avec l'autoconsommation collective et les mini-réseaux, plutôt qu'alimenter le grand réseau électrique européen par d'immenses centrales solaires et des champs d'éoliennes titanesques. Est-ce que les grands pylônes et les lignes électriques à haute tension résisteront toujours aux vents à 300 km/h ? La course au gigantisme me trouble autant que le mépris des promoteurs d'éoliennes à l'égard des mouvements de résistance. Ils sont traités comme l'étaient jadis les opposants aux centrales nucléaires. « Fermez-la, c'est pour votre bien ». Est-il séant qu'au nom de l'écologie on interdise de soulever des objections aux installations d'énergies renouvelables, comme si elles n'avaient aucun impact local ?

Les énergies renouvelables recouvrent de nombreuses sources d'énergie. On parle le plus souvent des énergies renouvelables électriques, celles qui concurrencent l'électricité déjà décarbonée produite par le nucléaire. Mais on néglige parfois les sources renouvelables de chaleur qui, elles, réduisent les parts de marché du mazout et du gaz, contribuant ainsi à lutter contre le changement climatique. Il s'agit du solaire thermique (le chauffe-eau solaire) adossé à des bâtiments bien exposés, de la géothermie sous toutes ses formes, du bois et de la biomasse (avec précaution), de l'incinération des ordures liées aux réseaux de chaleur urbains, de la récupération de chaleur fatale de nombre de procédés industriels, voire des cheminées et des eaux usées, du gaz vert et, je l'ai dit, de la pompe à chaleur qui connaît un succès croissant. S'il y a une priorité à donner aux énergies renouvelables, c'est bien à celles-là.

La progression des renouvelables électriques est portée par la baisse de leur coût et par l'idée très répandue que plus on a de renouvelables, mieux on se porte. Et voilà de nouveau le hic. S'agit-il d'installer une proportion idoine de renouvelables électriques ou d'aller vers le tout renouvelable, riposte au tout nucléaire d'antan. Chaque fois qu'un organisme publie une étude affirmant que l'on peut aboutir à produire cent pour cent d'énergie renouvelable en quelques décennies, la presse s'ébaubit, les ministres de la transition crient hosannah et la bonne nouvelle se répand. Mais il faut se plonger dans l'étude pour en découvrir les biais. Bertrand Cassoret s'est donné le mal de les lire pour nous. À coup sûr si les Français diminuaient drastiquement leur consommation d'énergie, si les jours étaient longs toute l'année, le ciel sans nuage et les alizés soufflant sans discontinuer sur l'Hexagone, ce serait sans doute possible. C'est le mérite de l'auteur, et c'est à contre-courant d'une opinion répandue, de démontrer que les énergies renouvelables ne parviendront pas seules à faire l'affaire, à moins d'une réduction difficile à imaginer de la consommation.

Dans l'état actuel des techniques, il faut à la fois évaluer le nombre et la surface des installations renouvelables pour obtenir une puissance électrique garantie (plus de 1 000 éoliennes sont nécessaires pour fournir l'équivalent garanti d'une centrale nucléaire), et en prévoir la relève quand il n'y a ni vent ni soleil. En Allemagne c'est le charbon qui est le suppléant, et c'est pourquoi jusqu'à présent l'essor des renouvelables n'a que très légèrement fait baisser ses émissions de CO_2. En France c'est le nucléaire. Mais on entend de plus en plus parler du gaz comme le meilleur ami des renouvelables parce qu'il aurait une flexibilité inégalée. Nous serions alors dans le pétrin si nos deux piliers de la transition énergétique française, l'économie d'énergie primaire et les renouvelables électriques, menaient tous deux à la promotion du gaz fossile. Tel est le risque de la confusion des objectifs. Il s'agit d'abord de lutter contre le changement climatique, non de multiplier à toute force les renouvelables.

Il y aurait encore un chapitre à écrire sur la neutralité carbone. Depuis l'accord de Paris de 2015, réduire les émissions ne suffit pas, il faut encore atteindre la neutralité, c'est-à-dire l'équilibre entre les émissions de gaz à effet de serre et leur neutralisation, notamment par capture du CO_2 émis dans l'atmosphère, soit par un procédé artificiel, soit par la photosynthèse. Dans ce dernier cas il faut accroître la biomasse végétale, par exemple en plantant des arbres qui fabriqueront leurs tissus avec le CO_2 de l'air. La gestion forestière et l'agriculture en général, dont la version industrielle dépend trop du pétrole, deviennent donc des acteurs de la transition énergétique. Brûler trop de bois ne doit pas réduire la surface forestière parce que le puits de carbone serait moins performant. C'est un élément de plus dans la complexité des politiques à mener, mais aussi une opportunité pour les forestiers et les agriculteurs. Peut-être les industries mettront au point un procédé de capture et de recyclage du CO_2 qui sera la base d'une nouvelle chimie.

Je ne peux qu'inviter le public – et les ministres – à lire l'ouvrage de Bertrand Cassoret. Inquiet des découvertes qu'il a faites en explorant l'actualité de l'énergie et les options de la transition en France, il souhaite les porter à la connaissance de ses concitoyens. Il voudrait dissiper les illusions d'une transition fraîche et joyeuse. Al Gore avait popularisé la réalité du changement climatique sous le titre : une vérité qui dérange. Bertrand Cassoret emprunte les mêmes mots pour nous avertir que la transition énergétique, et quelques-uns des rêves qui l'accompagnent, se heurteront inévitablement aux lois de la physique, ce qui contraindra notre liberté d'action.

L'avertissement est salutaire. Nos responsables se paient souvent de mots. La France ne parvient pas à suivre la trajectoire du facteur quatre, la division par quatre des émissions. Qu'importe, le Parlement vote le facteur six. Ça marchera sûrement mieux ! L'écart entre les paroles et la réalité devient indécent. N'y a-t-il pas un moment où la population demandera des comptes ? Greta Thunberg et les siens auront bientôt l'âge de se présenter aux élections et d'ester en justice…

Dans cette préface, J'ai voulu appuyer l'avertissement en alertant sur les risques créés par la confusion des objectifs de la politique française. Économiser l'énergie, réduire la part du nucléaire, développer les énergies renouvelables sont des programmes au service de la lutte contre le changement climatique. Ce ne sont pas des buts en soi qui doivent être poussés isolément jusqu'au bout car, à trop les forcer, ils sapent l'effort de réduction du CO_2. La dose fait le poison. Il ne faut pas prendre les moyens pour la fin.

Doit-on sombrer dans le pessimisme ? Dans mon esprit le chemin technique est tracé : chaleur décarbonée, électricité décarbonée, hydrogène décarboné sont le but à atteindre au terme de la transition, quels que soient les moyens employés. Ce n'est pas gagné. Les obstacles matériels et financiers sont nombreux. Les infrastructures opposent leur inertie au changement. Les habitudes sont ancrées. Mais le plus difficile est dans la politique. Les groupes de pression des industries fossiles résistent, les financiers sont conformistes, les erreurs font perdre du temps, la démagogie égare l'opinion. Ce n'est pas l'objet de cet ouvrage qui alerte sur les réalités de l'énergie, non sur ses faces politiques. J'en parle pour nourrir le prochain livre de l'auteur.

Et j'ajoute que la tentation du repli sur soi pourrait miner la transition. Le changement climatique est une affaire planétaire. Les peuples devront marcher sur deux pieds : à la fois compter sur leurs forces et coopérer. Hélas le climat devient déjà imprévisible et violent. Il faudra consacrer une partie croissante de nos forces à nous adapter. Depuis l'origine de la convention des Nations unies sur le changement climatique, les conférences se succèdent avec une inefficacité consternante, mais les acteurs non étatiques ont pris le relais des négociateurs. Entreprises, collectivités, associations, les Français, comme d'autres dans le monde, s'informent et se mobilisent, ce livre y contribue. Là est l'espoir.

Brice Lalonde

Présentation du professeur Jacques Foos

L'énergie est indispensable à la vie et au développement économique et le plus grand défi de ce siècle va être de couvrir les besoins énergétiques de l'humanité. Est-ce possible ?

Expliquer ce challenge en des termes simples, compréhensibles par tous est un travail difficile mais utile pour permettre à chacun de bien comprendre les enjeux de l'avenir.

C'est à cette tâche que Bertrand Cassoret s'est attelé, avec beaucoup de bonheur et de succès, sachant trouver les mots simples pour illustrer les divers aspects énergétiques et leurs liens avec tous les autres phénomènes, voulus ou non, qui nous entourent, à commencer avec la démographie galopante que l'on connaît depuis un siècle et qui n'est pas près de diminuer !

À la fin de l'année 2011, nous avons passé la barre des 7 milliards d'habitants sur la planète et nous sommes 700 millions de plus au début de cette année 2020 (soit un rythme de + 230 000 par jour : 400 000 naissances moins 170 000 décès !) ! Cela nous conduit à plus de 10 milliards de terriens en 2050, dans moins de 35 ans. Certains économistes se basent même maintenant sur 11 voire 12 milliards d'individus.

La croissance démographique implique bien évidemment de considérer pour cet ensemble de populations, les besoins en eau, en alimentation, en éducation sans oublier la santé. Or tout ramène à l'énergie.

L'alimentation des habitants de la planète dépend à la fois de la disponibilité en eau, en engrais, en sols. Là aussi, la soif d'énergie est grande. On sait combien les choix d'affectation des terres – entre ce qui sera consacré aux cultures vivrières et aux bio-carburants – sont essentiels. Les émeutes de la faim que l'on a vues dans certains pays en voie de développement sont essentiellement dues à la spéculation sur les céréales dans les pays « riches » anticipant la demande croissante dans ces applications.

Éducation ? Dans beaucoup de villages de l'Inde, le chef de la communauté lance encore l'unique générateur d'électricité une heure le soir. Comment le jeune élève peut-il faire ses devoirs ? Dans ces pays-là, l'avenir est dans le développement du photovoltaïque (et dans ces pays-là seulement !)

La santé aussi est affaire d'énergie : prenons un seul exemple : la natalité. Une femme qui porte un enfant et accouche seule, sans aide médicale, dans un village africain, aura consommé pour cette conception quelque 90 kWh en neuf mois. Une femme qui met au monde son enfant dans un pays « riche », après avoir eu des visites médicales régulières, des échographies, un accouchement en maternité, consomme pour cela, l'équivalent énergétique d'environ 4 000 kWh, 45 fois plus, mais c'est de l'énergie bien employée. L'avenir souhaitable est que toutes les femmes du monde bénéficient de cette assistance médicale.

Cette évolution de la population mondiale va se traduire par une augmentation considérable de la consommation en énergie. Nous devons non seulement suivre la courbe démographique mais la dépasser pour mieux répondre aux besoins des populations des pays en voie de développement.

N'oublions pas que le Monde dont nous faisons partie actuellement est malheureusement simple à décrire dans ses inégalités : 1/5 de la population (où nous nous trouvons) dépense 4/5 de l'énergie totale fournie actuellement par cette planète. Or, au moins deux autres cinquièmes sont en voie de fort développement, ce qui représente 2,8 milliards de Terriens. Les besoins énergétiques de ces derniers sont considérables et il faut en tenir compte.

Rien qu'en conservant l'augmentation constatée au XXe siècle (2,35 % par an), on arrive à un besoin annuel trois fois plus important que notre consommation des années 2000. Comment penser que le monde va consommer l'énergie à un rythme inférieur à celui du XXe siècle, siècle commencé avec 1,6 milliard d'individus ? Bertrand

Cassoret critique avec beaucoup d'humour et d'efficacité les scénarios peu crédibles qui voudraient nous faire revenir au Moyen-Âge !

Ceci signifie que l'humanité ne peut s'affranchir d'aucune source d'énergie, quelle qu'elle soit.

Depuis l'Accord de Paris et la COP 21, l'humanité a pris conscience du réchauffement planétaire, prélude à divers dérèglements climatiques. Depuis, chaque année, de telles réunions internationales ont lieu, regroupant des milliers de délégués et observateurs représentant près de 200 pays auxquels se joignent plus d'une centaine d'ONG. Du jamais vu jusque-là, une ampleur à la hauteur du défi pour l'avenir de la planète. Or, si les décisions tardent à venir car, à côté des vœux pieux et probablement sincères, se greffent les considérations économiques, les divers débats qui ont eu lieu, les discours des chefs d'État et de gouvernement ont conduit à ce consensus : la grande gagnante de cette conférence est l'énergie décarbonée.

En effet, pour arriver à relever ce défi : limiter l'augmentation globale de la température de la planète, il faut drastiquement réduire les émissions de gaz à effet de serre, essentiellement le CO_2, à côté d'autres gaz comme le méthane, beaucoup plus nocif sur ce plan. D'où le terme « décarboné », encore inconnu dans nos dictionnaires mais beaucoup utilisé actuellement. Difficile dans de nombreux cas, comme pour le chauffage ou encore pour les transports aériens ou maritimes, de se passer de l'énergie fossile mais pour la production d'électricité, cela est tout à fait possible et à 100 %.

Mettons-nous à la place d'un dirigeant politique qui s'intéresse justement à une production électrique décarbonée. Il va privilégier parmi les diverses formes d'énergie, celle qui sera la plus fiable, la plus économique (lié à un fort rendement de production électrique), la plus sûre (car la plus contrôlée), avec l'emprise au sol la plus faible et donc la plus respectueuse de l'environnement sous tous ses aspects.

Il va choisir (et c'est déjà bien parti) la production électronucléaire et ce d'autant plus que les sources d'énergie intermittentes (photovoltaïque et éolien) consomment toutes les ressources de métaux rares de la planète. Vous avez dit : « développement durable ? »

De nombreux pays se tournent vers le nucléaire partout sur la planète. Il n'y a jamais eu autant de réacteurs en construction qu'aujourd'hui et ne parlons pas des projets !

Là encore, Bertrand Cassoret reprend avec une logique implacable la palette des diverses énergies, sans passion, sans militantisme d'un côté ou de l'autre, simplement avec une rigueur toute scientifique et beaucoup de bon sens.

Il permettra ainsi au lecteur qui, j'en suis sûr va dévorer son livre, de se faire une opinion claire et simple de tous ces problèmes énergétiques et en sortir ainsi renforcé pour mieux comprendre les divers débats sur ces sujets auquel il ne manquera pas d'être confronté.

Jacques Foos*, janvier 2020

Professeur honoraire au Conservatoire national des arts et métiers

Directeur de la Société nationale des sciences naturelles et mathématiques (Cherbourg)

---

* Derniers ouvrages parus : *Peut-on sortir du nucléaire ?* écrit en collaboration avec Yves de Saint Jacob (éditions Hermann, Paris, octobre 2011, 270 p.), **Prix du Forum Atomique Français 2012** et *Regard sur la Société d'aujourd'hui* (éditions Hdiffusion, Paris, avril 2019, 260 p.).

Introduction

« Comment fera-t-on lorsqu'il n'y aura plus de pétrole ? » Je me posais déjà cette question lorsque j'étais enfant. « On trouvera autre chose », disait ma mère.

Quarante ans plus tard, on n'a toujours pas trouvé, notre monde est encore plus dépendant des énergies fossiles (charbon, gaz et pétrole), qui finiront forcément par manquer un jour. Certes, une forte prise de conscience écologique a émergé ces dernières années, liée en particulier au réchauffement climatique. Certes, on développe beaucoup les énergies renouvelables et on lutte davantage contre les gaspillages. Malgré cela, la consommation mondiale d'énergie fossile augmente toujours. Un problème dramatique pour lequel on n'a pas de vraie solution.

Je n'ai pas la prétention d'être un spécialiste des questions énergétiques, ni d'avoir tout lu et tout compris. Mais, me passionnant pour ces questions, voici des années que je me documente. Mon cheminement passe par la physique, les technologies, la géographie, la météorologie, l'histoire, l'économie, la démographie, la pollution, la santé, l'organisation de la société, la notion de bien-être... Vaste programme ! Tout cela est lié à l'énergie. Le sujet est tellement vaste qu'il est bien difficile d'avoir une vue globale sur toutes ces questions. Bien sûr, je ne suis pas expert en géologie, en météorologie, en techniques de forage, en réseaux électriques, en nucléaire, en photovoltaïque, en stockage d'énergie, en histoire, en économie, en problèmes environnementaux, en démographie, en sociologie... J'ai donc lu et tenté de comprendre ce que d'autres racontent. Ce livre est la synthèse de mes lectures et réflexions.

Mon objectif n'est pas de critiquer les énergies renouvelables ni les nécessaires mesures d'efficacité énergétique, mais plutôt de montrer qu'elles pèsent bien peu face à l'ampleur des problèmes. L'objectif est encore moins de faire la morale, de faire naître un sentiment de culpabilité et de critiquer les consommateurs, dont je fais naturellement partie.

Je ne m'adresse pas qu'aux spécialistes, j'espère être compréhensible pour tous, que les inévitables chiffres et petits calculs ne rebuteront pas certains lecteurs. J'espère apporter ma pierre à l'édifice de manière rationnelle dans les nombreux débats et points de vue sur les questions d'énergie.

Pour être sûr d'être compris, je dévoile tout de suite le message qui me semble être le plus important : n'en voulez pas trop aux politiques si la situation se dégrade, ils ne peuvent rien contre les lois de la physique. Ce livre est pessimiste, et il me paraît important de l'être, car on est moins déçu quand on s'attend au pire. L'excès d'optimisme tendant à montrer qu'il y a des solutions agréables à ces problèmes risque de révolter ceux qui y croient et qui vont naturellement penser, en voyant leurs conditions de vie se dégrader, qu'ils ont été mal dirigés.

Je vais donc tenter :

- d'expliquer les notions d'énergie et de puissance ;
- de passer en revue la consommation d'énergie en France et dans le monde : charbon, gaz, pétrole, électricité, renouvelables, énergie primaire, énergie finale, évolution des consommations ;
- de montrer combien nous sommes dépendants de l'énergie, combien elle est importante, combien elle influence l'organisation de nos sociétés, les échanges économiques, l'emploi ;
- de détailler les nombreux problèmes liés à elle : réchauffement climatique, pollutions en tous genres, épuisement des ressources ;
- de comparer les dangers et problèmes des différentes sources d'énergie ;
- d'examiner les ressources énergétiques dont nous pouvons espérer disposer ;
- de faire la synthèse de quelques scénarios de transition énergétique ;

- de montrer les limites de l'efficacité énergétique et de la sobriété énergétique ;
- d'aborder simplement les questions d'argent ;
- de réfuter quelques mythes et légendes qui proposent des solutions miracles ;
- de proposer quand même quelques éléments de solutions.

Je vais donc vous ennuyer avec des formules, des chiffres, des graphiques… pour vous montrer que notre mode de vie n'est pas durable. Un discours assez classique depuis quelques années, que vous avez probablement déjà entendu et pas forcément envie de réentendre. À la différence que moi, je n'ai aucune bonne solution à apporter à ces immenses problèmes. Bon courage !

La première édition de cet ouvrage, rédigée de 2015 à 2017, est sortie en mars 2018. Au printemps 2019 les éditions De Boeck Supérieur m'ont proposé une réédition dont j'achève la rédaction en octobre. Par rapport à la première version, la plupart des chiffres et graphiques en lien avec l'actualité ont été mis à jour. J'ai également ajouté de nombreux compléments qui manquaient sans doute à la première édition. En effet mon intérêt pour le sujet étant toujours aussi vif, l'actualité du domaine étant importante, j'ai jugé pertinent de préciser et compléter plusieurs paragraphes. Ainsi le lecteur trouvera davantage d'informations sur l'origine de l'énergie, l'évolution de la consommation mondiale, les liens avec le réchauffement climatique, le stockage du carbone, les empreintes matières et surfaces des sources d'énergie, les scénarios de transition et des éléments de solution. J'ai bien conscience que la complexité des problèmes est telle qu'il est impossible d'être exhaustif, mais j'espère cette fois être le plus complet possible pour apporter au lecteur une vue d'ensemble de tout ce qui touche à la transition énergétique.

Les noms entre crochets [...] renvoient aux références bibliographiques figurant en fin d'ouvrage.

1 Qu'est-ce que l'énergie ?

La notion d'énergie n'est pas facile à appréhender : l'énergie n'est pas toujours visible ou palpable, elle est difficile à quantifier, elle n'est pas forcément matérielle, on peut même ignorer son existence. Pourtant l'énergie est indispensable à la vie, elle est omniprésente dans nos activités et les influence considérablement.

L'énergie au quotidien dans les pays riches

La nuit, la ventilation, la box internet, le congélateur, le réfrigérateur, les réveils, les chargeurs et divers appareils électriques en veille consomment de l'électricité en permanence.

Le matin, l'électricité permet de s'éclairer. Il faut de l'énergie, souvent du gaz, pour réchauffer les logements.

La préparation du petit-déjeuner, comme celle des autres repas, est consommatrice d'énergie : cafetière, grille-pain, four, four à micro-ondes, plaque de cuisson, lave-vaisselle…

Passons ensuite à la salle de bains. On ne se laverait sans doute pas aussi souvent sans une énergie abondante : il en faut pour pomper l'eau vers le château d'eau, et surtout pour la chauffer, il en faut aussi pour fabriquer du savon.

On écoute la radio sur des appareils électriques qui reçoivent les ondes d'émetteurs électriques, relayant des programmes réalisés dans des studios inconcevables sans électricité. C'est, bien sûr, la même chose pour la télévision.

Les téléphones sont rechargés à l'électricité. Les courriels et données d'Internet sont stockés sur des serveurs informatiques dévoreurs d'électricité.

Pour se rendre au travail, il faut, pour la grosse majorité des gens, du pétrole pour la voiture ou de l'électricité pour les transports en commun.

Sur presque tous les lieux de travail, on trouve des ordinateurs, de l'éclairage, du chauffage, de la ventilation, divers appareils électriques, voire des engins et machines fonctionnant au pétrole ou au gaz.

Tout ce que l'on achète a nécessité de l'énergie être produit : il a fallu, pour tous les objets qui nous entourent, extraire les minerais de base (généralement, avec des engins à pétrole), les transporter, faire fonctionner les usines de transformation et de fabrication (donc utiliser du charbon, du gaz, du pétrole, de l'électricité), les transporter à nouveau.

Tout ce que l'on mange a nécessité de l'énergie : la nourriture est l'énergie fournie aux êtres vivants, mais il ne faut pas oublier la consommation des engins agricoles, la fabrication des engrais, les usines agroalimentaires, le transport… Nous ne mangerions pas les mêmes aliments si les champs étaient labourés à la force animale, si on ne disposait pas d'énergie pour conserver la nourriture ou pour la transporter.

Nos vêtements ont souvent été fabriqués à partir de pétrole dans des usines énergivores. Et il a souvent fallu les transporter sur des milliers de kilomètres dans des bateaux à pétrole.

Bien sûr, tous les magasins dans lesquels nous achetons ces biens consomment aussi de l'énergie pour l'éclairage, le chauffage, la ventilation, l'informatique, la manutention, les bureaux associés. Et il en a fallu beaucoup pour les construire.

À l'autre bout de la chaîne, il faut aussi de l'énergie pour transporter les ordures, recycler le verre, enfouir les déchets ultimes, dépolluer l'eau…

Nos logements ne seraient pas ce qu'ils sont s'il avait fallu creuser les fondations à la main plutôt qu'à la pelleteuse à pétrole, s'il avait fallu transporter les matériaux de construction à dos de mule plutôt qu'en camion à pétrole, s'il avait fallu fabriquer les charpentes à la main plutôt que dans une usine énergivore, si l'on ne disposait pas de four pour faire cuire les briques…

Nous avons la chance de pouvoir nous faire soigner lorsque nous sommes malades : les médicaments prescrits, les verres correcteurs, prothèses dentaires… sont aisément disponibles grâce à des machines et des transports énergivores. Les hôpitaux, très consommateurs d'énergie, sont là en cas de problème plus grave : ventilation, éclairage, chauffage, nettoyage, désinfection, réfrigération, appareils médicaux en tous genres, blocs opératoires… ne fonctionnent pas en claquant des doigts.

Beaucoup d'entre nous ont des loisirs. Nous irions beaucoup moins à la piscine si l'eau n'y était pas chauffée. Les vélos, les chaussures de sport, les raquettes, les ballons, les appareils de musculation… ont été fabriqués grâce à de l'énergie. Souvent, nous prenons même la voiture pour aller faire du sport. Le cinéma, les salles de spectacle, les salles de sport et les musées consomment aussi de l'énergie pour leur ventilation, leur éclairage, leur chauffage…

Les rencontres sportives et les spectacles seraient inconcevables sans une énergie abondante : il en faut pour construire les stades et les salles, les chauffer, les éclairer, les ventiler, transporter le matériel, amener les joueurs ou les artistes, faire venir le public, faire la promotion. Même le Tour de France cycliste est un gros consommateur de pétrole, étant donné le nombre de véhicules suiveurs.

Beaucoup d'entre nous partent en vacances, mais rarement à vélo. Il a fallu des quantités d'énergie considérables pour construire des appartements, villas, hôtels, restaurants, casinos, digues, parcs d'attractions, remontées mécaniques, centres sportifs, musées… Il faut des quantités d'énergie considérables pour faire fonctionner tout cela, et pour nettoyer les plages, faire marcher les manèges, les téléphériques, les bateaux, les hélicoptères de secours…

Certains voyagent en train, moins gourmand que la voiture mais néanmoins consommateur d'électricité en grande quantité. L'avion est un gros consommateur de pétrole. Bien sûr, la fabrication de ces moyens de transport est très énergivore, en particulier pour la production de l'acier.

Beaucoup font attention à leur consommation d'énergie : utilisation de lampes basse consommation, conduite calme voire marche à pied, extinction des appareils en veille, réglage du chauffage au plus juste... Mais tout ça ne représente pas grand-chose à côté du reste.

D'autres, plus rares, souvent plus pauvres, ont un comportement plus vertueux : pas de voiture, pas de vacances, pas de téléphone... Ils consomment un peu moins, mais sont malgré cela très dépendants de l'énergie pour se déplacer (même avec les transports en commun), cuire leur nourriture, avoir de l'eau propre chaude, disposer d'un logement, se soigner...

Les trois quarts des salariés français occupent un emploi tertiaire, payés à gérer, administrer, soigner, aider, communiquer, enseigner, chercher, vendre, organiser, développer... Les biens abondent alors que de moins en moins de gens les fabriquent. La nourriture abonde alors que moins de 3 % des actifs travaillent dans l'agriculture. Tout ça ne fonctionnerait pas sans machines, usines, ni transports énergivores. Toute l'organisation de la société est basée sur une énergie abondante. Les seuls qui vivent vraiment avec peu d'énergie sont les habitants des pays pauvres, qui mangent surtout ce qu'ils cultivent, habitent un logement rudimentaire, se soignent et se déplacent peu, ont moins accès à la culture et aux loisirs ; un mode de vie semblable à celui des Français au début du XIXe siècle, qu'ils cherchent généralement à faire évoluer.

Lois physiques

L'énergie permet de transformer notre environnement : créer des mouvements, des rayonnements, des courants électriques, des réactions chimiques et toujours de la chaleur. Ainsi il faut de l'énergie pour mettre une masse en mouvement ou la déformer, pour s'éclairer ou créer des ondes électromagnétiques, faire fonctionner nos nombreux appareils électriques, créer les processus chimiques nécessaires à la vie, nous chauffer.

La photosynthèse par exemple est une réaction chimique qui permet aux plantes de transformer l'énergie solaire en matière organique contenant des calories alimentaires. Nos muscles peuvent alors transformer cette énergie en mouvement permettant, par exemple, de pédaler pour entrainer une dynamo produisant de l'électricité pouvant générer de la lumière et de la chaleur.

Deux lois fondamentales sont, jusqu'à preuve du contraire, toujours vraies dans le domaine de l'énergie :

• La **conservation de l'énergie** : « Je crois en une vie après la mort, tout simplement parce que l'énergie ne peut pas mourir ; elle circule, se transforme et ne s'arrête jamais », aurait dit Albert Einstein.

La quantité d'énergie qui sort d'un système est égale à la quantité qui y rentre. **On ne peut donc que transformer l'énergie et non en créer**. L'énergie ne peut pas apparaître miraculeusement ! Par exemple, une centrale électrique, qui transforme du gaz en électricité, restitue sous forme d'électricité et de chaleur exactement la même quantité d'énergie que celle qu'elle a consommée sous forme de gaz. La chaleur résulte des pertes inévitables. L'énergie utilisable sortant sous forme d'électricité est donc forcément inférieure en quantité à celle entrant sous forme de gaz.

Un autre exemple est celui de l'énergie solaire : sur un mètre carré, le Soleil envoie chaque année une certaine quantité d'énergie (environ 1 300 kWh en France), il est donc physiquement impossible d'en extraire davantage d'un panneau solaire, aussi perfectionné soit-il ;

• L'**augmentation de l'entropie** : la qualité de l'énergie se dégrade toujours du concentré vers le dispersé, de l'ordre vers le désordre. Ainsi, la centrale électrique qui utilise du gaz, énergie concentrée, en transforme une partie en chaleur qui va se disperser, et crée de l'électricité qui va, elle aussi, se transformer en chaleur au fur et à mesure de sa distribution et se disperser : les fils électriques vont légèrement chauffer, les appareils électriques utilisés également. Même un ventilateur, censé nous refroidir, va lui aussi créer des frottements, donc de la chaleur qui va se disperser dans l'air pour finir par rejoindre l'espace. Un ventilateur consomme de l'énergie, donc réchauffe la pièce dans laquelle il se trouve (même si on a bien une sensation de froid lorsqu'on reçoit le flux d'air). Autre exemple : une voiture transforme l'énergie stockée dans le réservoir d'essence en chaleur (le moteur chauffe) et en mouvement (c'est le but), mais les mouvements créent des frottements (en particulier, les frottements de la carrosserie sur l'air) qui créent finalement de la chaleur.

Dans notre système solaire, l'énergie est essentiellement concentrée dans le Soleil et se disperse en permanence. L'énergie consommée se transforme toujours en chaleur qui se disperse.

Deux systèmes consommant la même quantité d'énergie chauffent donc autant. Un réfrigérateur censé refroidir chauffe autant qu'un appareil qui consomme autant (la plaque derrière est chaude). Dix téléviseurs consommant 100 watts chauffent autant qu'un radiateur consommant 1 000 watts. On pense parfois qu'un radiateur électrique « haut de gamme » consomme beaucoup moins d'électricité qu'un « bas de gamme ». C'est très partiellement vrai : la répartition et le mode de diffusion influent sur le confort, mais deux radiateurs consommant autant d'énergie dégagent rigoureusement la même quantité de chaleur.

D'où vient l'énergie ?

Une énorme quantité d'énergie est présente dans l'univers depuis son origine. D'où vient-elle ? C'est une vaste question à laquelle je ne prétends pas répondre. Nous la retrouvons sous deux formes : l'énergie nucléaire contenue dans toute matière et l'énergie cinétique des mouvements des astres et autres particules en mouvement dans l'espace. La figure 1 tente de résumer tout cela de manière non exhaustive :

- Les atomes constituant toute matière possèdent une énorme énergie proportionnelle à leur masse. Les centrales nucléaires et le soleil exploitent cette énergie, mais on ignore souvent qu'une partie de la chaleur du centre de la terre résulte de réactions nucléaires, permettant la géothermie profonde.
- Sur le soleil, une quantité colossale de réactions de fusion nucléaire (400 millions de milliards de milliards de Watts !) crée un rayonnement électromagnétique intense. Notre planète en capte une petite partie et la chauffe. Une partie de cette chaleur contribue à maintenir la température du sous-sol en faible profondeur, permettant

certaines formes de géothermie. Les panneaux photovoltaïques transforment le rayonnement solaire en électricité. Le rayonnement solaire permet surtout la photosynthèse, qui fait pousser les plantes (la biomasse), et donc la vie. La transformation de matières organiques (issues de la vie) a produit les énergies fossiles (pétrole, gaz, charbon) qui sont donc issues de l'énergie solaire. Le soleil permet l'évaporation de l'eau donc la pluie et les rivières donc l'énergie hydraulique. Les masses d'air chauffées par le soleil se mettent en mouvement ce qui participe à la création du vent donc de l'énergie éolienne.

• L'attraction gravitationnelle de la lune tournant autour de la terre crée les marées et l'énergie des centrales marémotrices qui produit une infime partie de notre électricité. Une part du vent est issue de la rotation de la terre sur elle-même.

Toutes les sources d'énergie ne sont pas sur la figure 1, en particulier certaines énergies marines.

Figure 1 Origine de l'énergie sur terre.

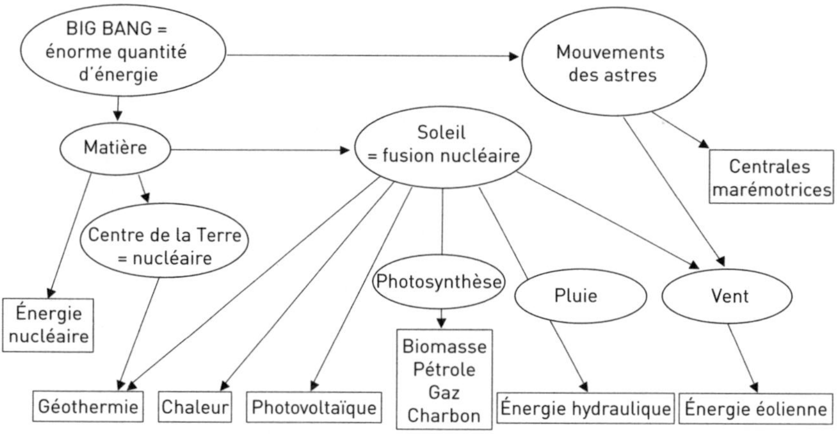

Énergie et puissance

L'énergie est souvent confondue avec la puissance. La puissance se mesure généralement en watts ou couramment en chevaux-vapeur pour les moteurs à pétrole, un cheval-vapeur correspondant à 736 watts.

La puissance est liée à une diffusion de l'énergie à travers, par exemple, un rayonnement lumineux, des câbles électriques, une chaîne ou courroie en rotation, une corde sur laquelle on tire, un radiateur diffusant la chaleur…

Une quantité d'énergie peut, par exemple, être un litre d'essence, un tas de bois, une bouteille de gaz, un tas de charbon, une masse en hauteur, une masse en mouvement, une assiette de frites.

Le compteur d'électricité compte l'énergie en wattheures, le compteur de gaz compte l'énergie en mètres cubes, la pompe de la station-service compte l'énergie en litres d'essence, le bûcheron compte l'énergie en stères de bois.

La puissance est une quantité d'énergie par unité de temps : puissance = énergie/temps. Un réservoir d'essence est un réservoir d'énergie alors que le nombre de litres d'essence consommés par heure correspond à la puissance moyenne consommée. Inversement, il suffit, pour avoir l'énergie, de multiplier la puissance par le temps. Ainsi, un appareil qui consomme une puissance de 1 000 watts pendant deux heures aura consommé une énergie de 2 000 wattheures (Wh). C'est cette énergie qui est généralement facturée.

Attention : il s'agit bien de watts multipliés par des heures, donc de wattheures et non de watts par heure ou de W/h. Il est très courant de voir des articles, même dans des journaux réputés, parlant de watts par heure, ce qui n'a pas du tout le même sens (et a le don de m'agacer). Il est courant que des journalistes parlent de consommation en watts par an, ce qui ne veut rien dire ; il faut parler de wattheures par an. Un véhicule électrique consomme environ 15 kWh (15 kilowattheures = 15 000 wattheures) pour parcourir 100 kilomètres, de même qu'un véhicule à essence consomme environ 6 litres pour 100 km.

Quand on installe des éoliennes, des panneaux solaires ou des centrales nucléaires, on parle de puissance installée en watts, c'est-à-dire de la puissance maximale que ces systèmes pourront délivrer sous forme d'électricité à un moment donné. Pour une éolienne, cette puissance dépend à chaque instant de la force du vent, pour un panneau solaire de l'ensoleillement. La quantité d'énergie fournie chaque année est obtenue en multipliant la puissance moyenne délivrée, liée aux conditions météorologiques, par le nombre d'heures dans une année. Il y a souvent confusion entre puissance installée et énergie produite.

Il existe plusieurs unités de comptage de l'énergie et on peut aisément passer de l'une à l'autre par une simple multiplication ou division. Les wattheures sont couramment utilisés pour l'électricité, tandis qu'on a l'habitude de compter l'énergie des aliments en calories ; mais on pourrait aussi bien compter l'électricité en calories et l'énergie d'une assiette de frites en wattheures.

L'unité des physiciens est le joule, à utiliser dans le système international d'unités avec les relations de physique.

La tonne d'équivalent pétrole (tep) correspond à l'énergie moyenne d'une tonne de pétrole. Elle est utilisée par les économistes parce qu'elle permet de compter aisément de grosses quantités.

L'électronvolt (eV) est, au contraire, plus pratique pour les petites quantités, en particulier l'énergie des électrons.

Les Britanniques ont inventé le British thermal unit (Btu), adapté aux degrés Fahrenheit.

D'autres unités sont employées dans la vie courante de manière moins officielle : le litre d'essence (environ 10 kWh, c'est-à-dire 10 000 Wh), la stère de bois (1 500 à 2 000 kWh), le paquet de charbon de bois, la bouteille de gaz, la pile électrique…

Les équivalences entre unités d'énergie sont données ci-dessous :

1 J (joule) = 1 Ws (watt-seconde)

1 Wh (watt-heure) = 3 600 J (joules) = 860,11 calories

1 calorie = 4,1855 J (quantité nécessaire pour élever d'un degré la température d'un gramme d'eau)

1 tep (tonne d'équivalent pétrole) = 11 630 kWh = 7,33 barils de pétrole

1 eV (électronvolt) = $1{,}602 \cdot 10^{-19}$ J

1 Btu = 1 055 J

Un véhicule à essence roulant pendant 2 heures en consommant 6 litres au 100 km aura consommé 12 litres d'essence, soit une quantité d'énergie d'environ 120 kWh ou 120 000 Wh. La puissance moyenne consommée est obtenue en divisant cette énergie par le temps, ici 2 heures : 120 000 / 2 = 60 000 watts. Comme un cheval vaut 736 W, on peut calculer cette puissance en chevaux : 60 000 / 736 = 81 chevaux. Il s'agit là de la puissance moyenne consommée par le véhicule grâce au carburant, celle restituée par les roues motrices étant bien inférieure à cause des pertes.

Stockage de l'énergie

Le stockage de l'énergie est souvent difficile. Par exemple, lorsque l'on comprime un ressort, on lui apporte de l'énergie qui reste stockée tant qu'il est comprimé. Évidemment, ce ressort ne demande alors qu'à se détendre.

L'énergie n'aime pas être stockée et concentrée, elle cherche naturellement à se dissiper. Le stockage de l'énergie est souvent dangereux : un réservoir d'essence ou de gaz peut exploser pour libérer l'énergie, une masse en hauteur peut tomber, un tas de bois peut prendre feu, un barrage peut rompre, un ballon de baudruche gonflé peut exploser…

De plus, l'énergie s'obtenant en multipliant la puissance par le temps, la puissance ne pouvant être infinie, le stockage ou le déstockage de l'énergie prend forcément du temps. Un réel frein par exemple dans le développement du véhicule électrique : même si on disposait de batteries capables d'emmagasiner beaucoup d'énergie en peu de temps, le problème viendrait alors du réseau électrique qui aurait des difficultés à fournir les appels de puissance nécessaires.

Il y a autant d'énergie, 10 kWh (ou 10 000 Wh) environ, dans :

- 0,5 mg d'uranium 235 ;
- un litre d'essence (pétrole) ;
- 1,5 kg de charbon ;
- 2,5 kg de bois sec ;
- 10,7 kg de pommes de terre ;
- 250 kg de batterie au plomb, 100 kg de batterie lithium-ion.

En comparant les ordres de grandeur ci-dessus, on constate que le pétrole permet, hors réaction nucléaire de l'uranium, une grande concentration d'énergie. Un litre d'essence, qui ne pèse que

750 grammes environ, contient autant d'énergie que 250 kg de batterie au plomb ! Faire avancer un véhicule nécessite un réservoir d'énergie dont l'importance impacte directement l'autonomie. Même si des batteries plus performantes comme celles au lithium existent, un véhicule électrique utilisant des batteries peut donc difficilement concurrencer l'autonomie d'un véhicule à pétrole. Il sera difficile de trouver un stockage d'énergie aussi pratique qu'un réservoir d'essence pour une automobile : le pétrole est une énergie très concentrée, stable (peu explosif) et plutôt facile à utiliser.

Certains sous-marins militaires sont à propulsion nucléaire : la densité énergétique de l'uranium utilisé permet une énorme autonomie, très importante stratégiquement.

Une baguette de pain contient environ 700 kcal (kilocalories). Les courageux pourront vérifier qu'il faut environ douze baguettes pour avoir autant d'énergie que dans un litre d'essence.

Ordres de grandeur

Un kWh (kilowattheure) représente grossièrement la quantité d'électricité fournie par 3 m^2 de panneaux solaires photovoltaïques pendant une journée moyenne en France. Cette quantité d'énergie correspond à moins de 7 km en voiture électrique, moins de 2 km en voiture à essence, une à deux lessives au lave-linge, cent heures de lampe à LED (10 W), cinq à quinze heures de télévision, une heure de four à micro-ondes (1 000 W), une demi-heure de radiateur puissant (2 000 W), moins de cinq minutes de douche (chaude, bien sûr) (figure 2).

Un foyer français consomme en moyenne 3 000 kWh par an d'électricité spécifique (c'est-à-dire hors chauffage et eau chaude). Avec 24 heures par jour et 365 jours par an, cela représente une puissance moyenne de 3 000 000 / (24 × 365) = 342 watts en permanence.

Chauffage inclus, un logement moyen consomme en France 18 000 kWh par an, soit une puissance moyenne de 18 000 000 / (24 × 365) = 2 054 W en permanence. Cela correspond à un gros

Figure 2 Production, stockage et consommation de 1 kWh.

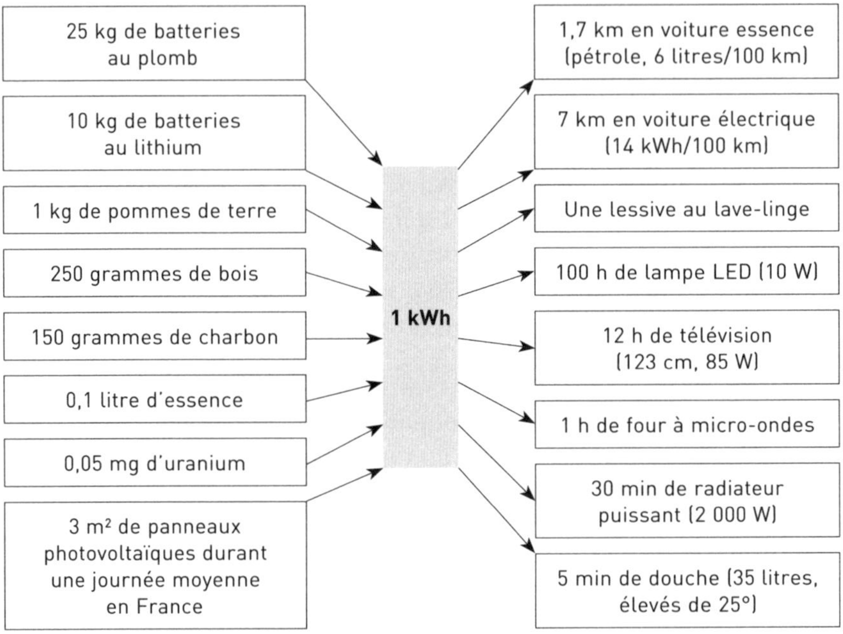

radiateur électrique qui chaufferait à fond 24 heures sur 24 toute l'année. C'est considérable.

Un sportif de haut niveau – le cycliste Christopher Froome, par exemple, dans la montée à L'Alpe-d'Huez – peut fournir une puissance de plus de 1 000 W, mais seulement pendant quelques secondes. Pendant une demi-heure, un sportif de haut niveau est capable de fournir une puissance moyenne inférieure à 500 W.

Un être humain qui mange normalement environ 2 100 kcal (kilocalories) par jour, soit environ 2 400 Wh par jour, ne pourra physiquement pas fournir plus de 2 400 / 24 = 100 W en permanence. En réalité, l'énergie que nous mangeons étant essentiellement dissipée en chaleur, fournir sous forme de mouvement 80 W pendant une journée de huit heures, soit une énergie ridicule de 640 Wh = 0,64 kWh, représente un travail très physique pour un humain.

La consommation moyenne annuelle d'un logement français, 18 000 kWh, représente donc l'équivalent de 18 000 / 0,64 = 28 125 grosses journées de travail ! Comme une année compte 365 jours, il faudrait 28 125 / 365 = 77 personnes pédalant 8 heures tous les jours (même le dimanche) sur un système parfait sans pertes énergétiques, pour chauffer un logement moyen, produire l'eau chaude et l'électricité des appareils électroménagers ! Et on ne compte pas là l'énergie que les habitants du logement vont dépenser pour se déplacer, se nourrir, se vêtir, s'équiper.

En pédalant 150 heures par mois – un temps de travail « normal » en France –, un salarié fournissant 80 W en moyenne produirait donc environ 150 × 80 = 12 000 Wh = 12 kWh, soit à peine plus qu'un litre d'essence que nous payons moins de 2 € en 2019 !

Faire pédaler un humain payé 1 500 €/mois (ce qui est insuffisant avec les charges) pour produire 12 kWh/mois avec un système sans pertes amènerait le prix du kWh à plus de 125 €, soit environ 1 000 fois le prix de l'électricité ou de l'essence ! Pensez-y la prochaine fois que vous ferez le plein de carburant : votre réservoir de 50 litres représente plus de 40 mois de travail d'un être humain !

D'après Jean-Marc Jancovici [Jancovici web], un spécialiste de ces questions qui m'a largement inspiré, en tenant compte de la nourriture, des biens de consommation, du transport et du logement, un Français moyen dispose de l'équivalent énergétique d'environ 500 humains ! Jean-Marc Jancovici fait d'ailleurs remarquer que la fin de l'esclavage a dû être largement facilitée par le simple fait que payer l'énergie des machines était devenu moins cher que de nourrir un esclave. L'historien Jean-François Mouhot écrivait : « L'apparition de la vapeur fut probablement une condition nécessaire à l'abolition de l'esclavage. L'exploitation des énergies fossiles entraîna une transition énergétique qui fit apparaître la servitude comme de plus en plus superflue, en sorte que les machines ont *de facto* remplacé le travail forcé dans les sociétés modernes » [Mouhot]. Aujourd'hui encore, fournir seulement 4 € de nourriture quotidienne à un esclave fournissant 100 W pendant 10 heures chaque jour (harassant), soit 1 kWh chaque jour, amènerait le prix du kWh à 4 €, soit environ 27 fois le prix du kWh électrique public français de 2019 !

2 La consommation d'énergie en France et dans le monde

Énergies en tous genres

On distingue la consommation d'énergie primaire, secondaire, finale, utile ; on parle même, en électricité, de consommation brute ou nette. Ces notions compliquent la compréhension et sont parfois à l'origine de querelles de chiffres.

L'énergie primaire est celle dont on dispose avant toute transformation ; ce peut être le charbon, le gaz, le pétrole, l'uranium, le vent, le rayonnement solaire, le bois, la chaleur de sources d'eau chaude… Elle correspond à des sources d'énergie disponibles dans la nature.

L'énergie finale est celle utilisée par le consommateur. Ce peut être le litre d'essence raffinée que l'on met dans sa voiture, ou encore le kWh électrique qui actionne le lave-linge ; c'est celle que le consommateur paye. Comme on utilise de l'énergie pour extraire, raffiner, découper, exploiter, transporter le pétrole, le gaz, le charbon ou le bois, et comme il y a des pertes dans la production et le transport de l'électricité, la quantité d'énergie finale est inférieure à la primaire. Toutefois, c'est surtout pour l'électricité que la différence entre énergie primaire et énergie finale est importante. L'électricité n'étant pas une source d'énergie (il n'y en a pas dans la nature), elle n'apparaît pas en énergie primaire. L'électricité peut être produite, par exemple, par du charbon, du gaz, du pétrole, du bois, des énergies renouvelables, du nucléaire ; elle apparaît en énergie finale. De même, les réseaux de chaleur (qui distribuent de la chaleur à différents utilisateurs sous forme d'eau chaude ou de vapeur dans des tuyaux) font partie de l'énergie finale. En France, la consommation d'énergie primaire était en 2018 de environ 3 000 TWh (1 TWh = 1 térawattheure = 10^{12} Wh = 1 million de millions de Wh), alors que celle d'énergie finale était de 1 800 TWh (ou 258 et 155 Mtep) [Datalab énergie], soit une différence importante de 40 %.

On parle moins souvent d'énergie secondaire, intermédiaire entre l'énergie primaire et l'énergie finale. Il peut s'agir, par exemple, de l'électricité en sortie des centrales de production, inférieure à l'énergie primaire à cause des pertes de production, mais supérieure à l'énergie finale à cause des pertes de transport.

On peut aussi parler d'énergie utile : parmi l'énergie finale payée par le consommateur, seule une faible partie sera réellement utile à cause des pertes. Par exemple, une lampe ne transforme pas la totalité de l'énergie électrique en lumière ; de même, un moteur d'automobile ne transforme pas la totalité de l'énergie de l'essence en mouvement du véhicule (les inévitables pertes correspondent à l'énergie transformée plus directement en chaleur). La figure 3 résume cette problématique. Au final, une faible partie de l'énergie primaire est utile : même avec un moteur à essence très performant, même en s'éclairant avec des lampes à LED très performantes, c'est moins de 20 % de l'énergie primaire qui est convertie en mouvement ou en lumière. Les lois de la physique rendent difficile la souhaitable diminution des pertes.

Figure 3 Énergies primaire, secondaire, finale et utile.

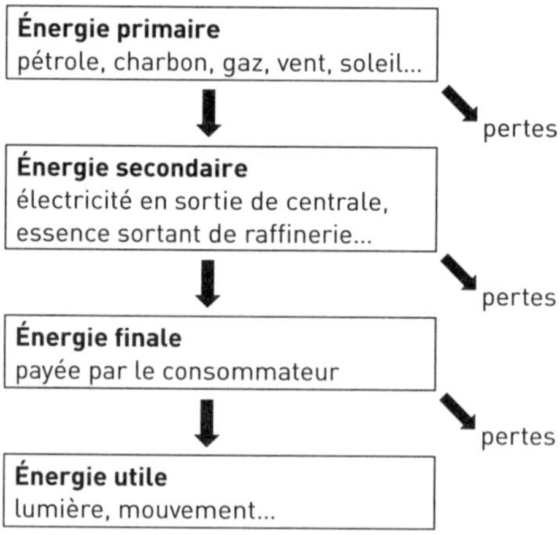

Les figures 4 et 5 permettent de se faire une idée de la répartition de la consommation d'énergie en France et dans le monde.

La lecture de la figure 4 montre que plus de 80 % de l'énergie primaire mondiale est d'origine fossile, c'est-à-dire du pétrole, du gaz ou du charbon. Le pétrole est la première source d'énergie au monde, suivie de près par le charbon, puis par le gaz. « D'origine fossile »

Figure 4 Répartition de la consommation d'énergie primaire et finale dans le monde en 2016.

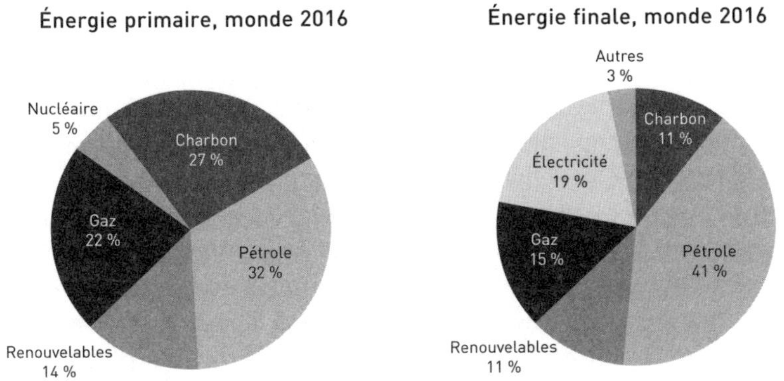

Source : European Commission [EU Energy].

Figure 5 Répartition de la consommation d'énergie primaire et finale en France en 2018.

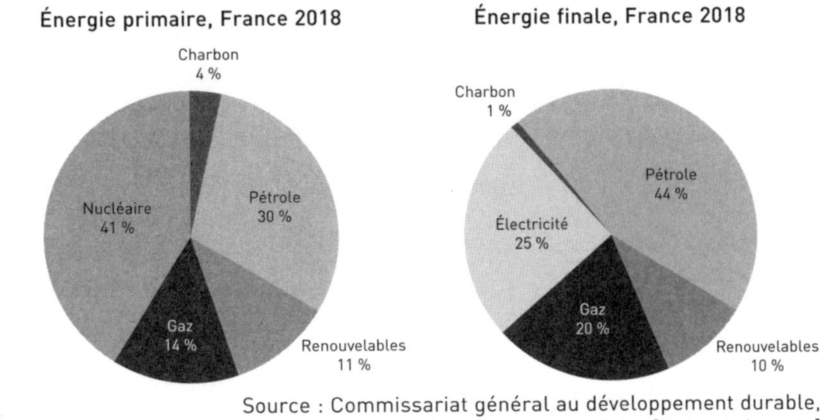

Source : Commissariat général au développement durable, Ministère de la transition écologique et solidaire [Datalab énergie]

signifie que ces sources d'énergie ont mis des millions d'années à se former et viendront forcément à manquer. On peut s'interroger sur le moment où elles manqueront, mais il est certain qu'elles manqueront un jour.

Les énergies renouvelables représentent 14 % de l'énergie primaire mondiale. Il s'agit essentiellement de bois, pour environ 10 % (le bois est la première énergie renouvelable au monde), et d'hydraulique, pour environ 3 %. L'éolien et le solaire, très médiatisés, ont actuellement un rôle très faible : moins de 2 % pour les deux [IEA].

Environ 19 % de l'énergie finale mondiale est consommée sous forme d'électricité.

La situation de la France est un peu particulière, puisque la première source d'énergie primaire y est le nucléaire, qui sert à produire de l'électricité. En conséquence, le charbon, première source d'énergie au monde pour la production d'électricité, y est très peu utilisé, le gaz l'est également moins. La France ayant beaucoup investi dans le nucléaire, il est logique qu'on s'y serve davantage de l'électricité qu'ailleurs (25 % de l'énergie finale contre 19 % dans le monde) ; le chauffage électrique, en particulier, y est plus répandu. Cette situation ne plaît logiquement pas aux antinucléaires ; mais, nous y reviendrons, les émissions atmosphériques polluantes de la France sont inférieures à celles des autres pays comparables.

Cela dit, la France comme les autres pays est très dépendante des énergies fossiles. Les renouvelables y représentent 11 % de la consommation d'énergie primaire et environ 16 % de l'énergie finale, essentiellement du bois et de l'hydraulique. L'éolien, très médiatisé, représentait 1,5 % de l'énergie finale en 2018, le photovoltaïque bien moins encore.

La consommation d'énergie finale française est d'abord due aux bâtiments résidentiels et tertiaires, qui en absorbent environ 46 % [Datalab énergie]. À la deuxième place, les transports consomment 32 % de l'énergie, tandis que l'industrie, dont l'importance a beaucoup diminué ces dernières années à cause des fermetures d'usines, n'en absorbait plus que 19 % en 2017 (contre 25 % en 2000). Au sein des bâtiments résidentiels, 80 % de la consommation d'énergie est due au chauffage et à la production d'eau chaude.

La figure 6 montre l'évolution de la consommation d'énergie en France depuis 1965. On peut constater qu'après avoir beaucoup augmenté, elle est plutôt en baisse. La prise de conscience écologique et les mesures prises ces dernières années pour limiter la consommation auraient-elles eu un effet sensible ? C'est possible, mais à ce rythme, nous serons encore dépendants des énergies fossiles pendant très longtemps. À bien y regarder, en France comme dans les autres pays riches, la consommation d'énergie a commencé à se stabiliser un peu avant la crise de 2008 ; il faut probablement y voir un lien. La crise a ensuite fait chuter un peu la consommation, et l'économie n'est jamais vraiment repartie depuis. En fait, c'est essentiellement le déclin de l'industrie qui a permis la baisse de la consommation d'énergie française : entre 2000 et 2017, celle-ci a baissé de 20 %. La figure 7 donne l'évolution des secteurs de la consommation d'énergie en France ; on voit clairement que la baisse constatée ces dernières années est quasiment exclusivement due à l'industrie. On peut penser que les usines consomment moins d'énergie grâce à des systèmes plus performants, mais on ne peut négliger les nombreuses fermetures d'usines : la France se désindustrialise petit à petit, alors que nous ne consommons pas moins de produits manufacturés. Ces derniers sont simplement fabriqués ailleurs. Notre impact sur la consommation mondiale d'énergie n'est donc probablement pas en baisse, d'autant plus que les délocalisations nécessitent bien sûr de grandes quantités de pétrole pour le transport.

Figure 6 Évolution de la consommation d'énergie primaire française depuis 1965, en millions de tonnes d'équivalent pétrole.

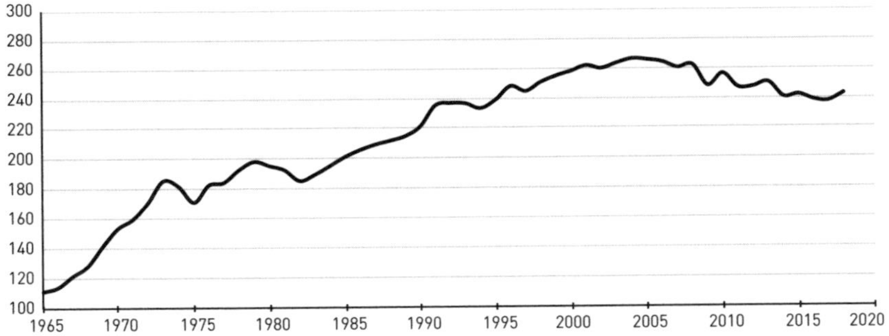

Source : *BP statistical review of world energy*, 2019.

Figure 7 Évolution de la consommation d'énergie finale par secteur en France de 1990 à 2017, en Mtep, corrigée des variations climatiques.

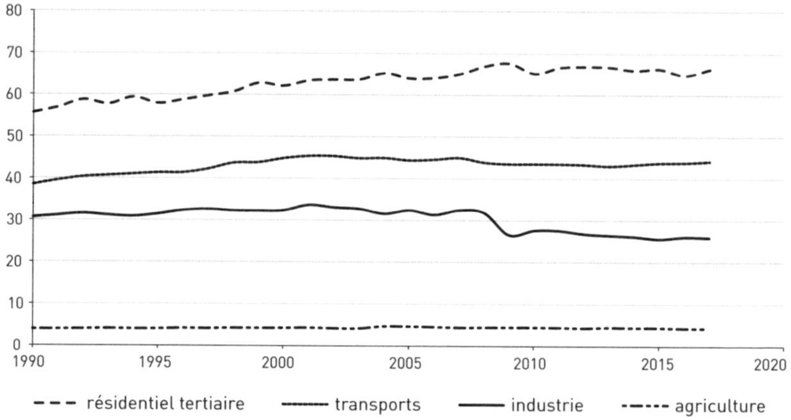

Source : Ministère de la transition écologique et solidaire, septembre 2019.

Le plus inquiétant vient de la figure 8, qui montre la consommation d'énergie mondiale depuis 1965. Celle-ci a connu un léger fléchissement en 2008 avant de reprendre sa nette pente ascendante. L'explication de cette hausse se trouve en grande partie sur les figures 9 et 10, qui montrent l'évolution de la consommation d'énergie en Chine et en Inde : elle a explosé au début des années 2000. Et c'est sans doute là qu'il faut aussi chercher la stabilisation de la consommation des pays

Figure 8 Évolution de la consommation d'énergie primaire mondiale depuis 1965, en millions de tonnes d'équivalent pétrole.

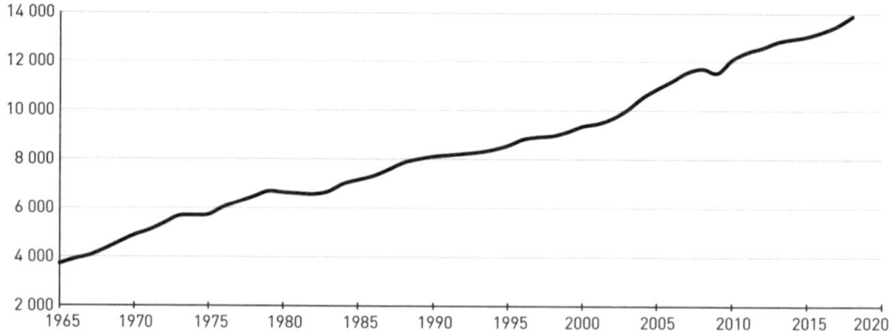

Source : *BP statistical review of world energy*, 2019.

riches : leur production de biens se fait maintenant beaucoup en Asie, et particulièrement en Chine. Celle-ci consommait en 2018 23 % de l'énergie mondiale ; elle aurait ouvert une centrale au charbon chaque semaine de 2005 à 2014 pour assurer sa production d'électricité !

En moyenne, de 2001 à 2018, l'augmentation de la consommation annuelle d'énergie mondiale a représenté plus que la consommation française. De même, la quantité d'électricité supplémentaire consommée chaque année dans le monde est supérieure à la consommation électrique française ! **Il faut rajouter plus d'une France chaque année !**

Figure 9 Évolution de la consommation d'énergie primaire chinoise depuis 1965, en millions de tonnes d'équivalent pétrole.

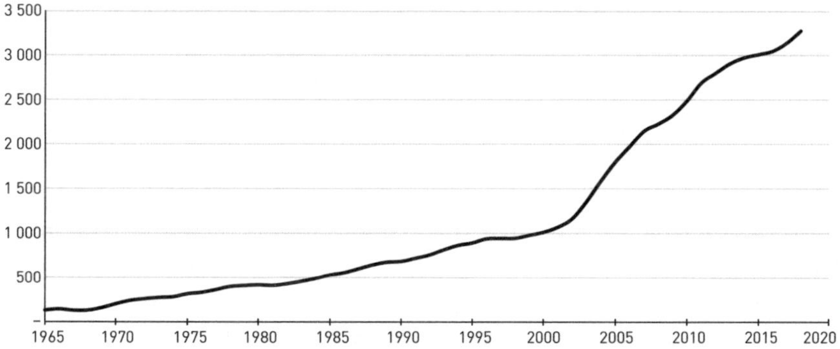

Source : *BP statistical review of world energy*, 2017.

Figure 10 Évolution de la consommation d'énergie primaire en Inde depuis 1965, en millions de tonnes d'équivalent pétrole.

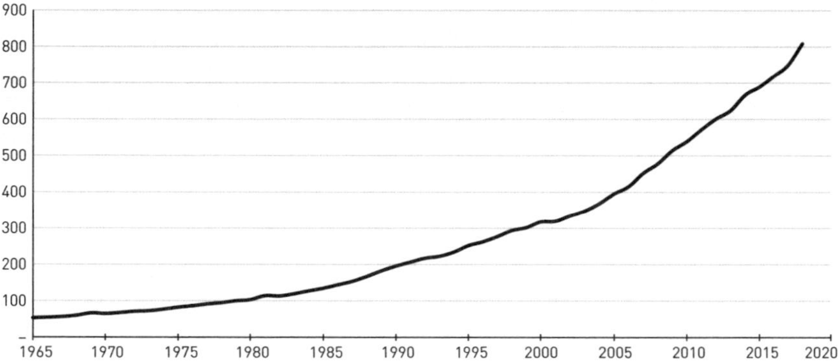

Source : *BP statistical review of world energy*, 2019.

La production d'électricité

L'électricité ne représente que 19 % de l'énergie finale mondiale, et moins du quart de l'énergie française. Toutefois, elle occupe une place importante sur la scène médiatique, car elle peut être produite à partir de différentes sources d'énergie comme le charbon, très polluant, le nucléaire, impressionnant, ou l'éolien, plus à la mode. Elle est donc au centre de nombreuses polémiques. Pour certains, « transition énergétique » rime avec « transition électrique ». Vous vous souvenez peut-être du débat entre les deux tours de l'élection présidentielle de 2007. Ségolène Royal attaquait Nicolas Sarkozy en affirmant que le nucléaire ne représentait que 17 % de notre électricité quand son rival penchait plutôt pour 50 %. En réalité le nucléaire représentait 78 % de notre électricité mais 17 % de notre énergie.

La première source d'énergie au monde pour la production d'électricité est aussi la plus polluante : le charbon, suivi par le gaz (figure 12). Mais on peut aussi produire de l'électricité à partir de sources non fossiles : renouvelables (hydraulique, éolien, solaire, bois, biogaz...) ou nucléaire. Il est donc probable que le rôle de l'électricité augmentera dans le futur, lorsqu'on manquera de pétrole pour faire avancer les véhicules ou de gaz pour créer de la chaleur.

Une caractéristique essentielle et problématique de l'électricité est qu'il est très difficile de la stocker. Or sa consommation est très irrégulière. On en consomme plus l'hiver, en particulier pour se chauffer et s'éclairer, que l'été. Sa consommation varie aussi beaucoup au cours de la journée. En témoigne la figure 11, extraite du site internet de RTE (Réseau de transport de l'électricité), où l'on peut voir la puissance appelée en France au cours d'une journée froide (7 février 2012, record de puissance consommée) et d'une journée chaude (7 août 2012) ; les échelles sont les mêmes pour les deux journées.

Le constat est clair : la puissance consommée varie en permanence au cours de la journée et au cours de l'année, de 33 007 MW à plus de 100 000 MW dans ces exemples. Il faut donc, étant donné la faiblesse du stockage, que la production s'adapte en permanence à la consommation.

Figure 11 Puissance consommée électriquement en France au cours des journées des 7 février et 7 août 2012.

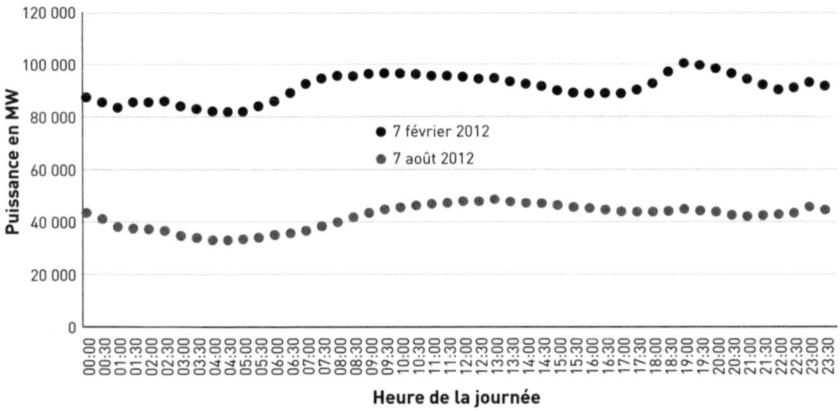

Source : RTE.

Il nous paraît normal que tout appareil fonctionne lorsqu'on appuie sur le bouton « Marche ». Pourtant, cela signifie qu'à chaque instant, une centrale doit être capable de produire l'électricité demandée. On doit donc en permanence ajuster les moyens de production, c'est-à-dire régler, mettre en route ou arrêter des centrales électriques. Pour faciliter l'équilibre entre l'offre et la demande, il existe de nombreuses interconnections internationales qui permettent une « solidarité » entre pays : on se vend et on s'achète de l'électricité en permanence au gré de la consommation et des capacités de production.

Il existe parfois des polémiques entre pro- et antinucléaires à ce sujet, les uns affirmant que la France vend de l'électricité grâce au nucléaire, les autres affirmant que la France n'est pas capable d'être autonome malgré ses centrales. Les uns et les autres ont raison : il arrive que la France importe de l'électricité, mais en moyenne elle en exporte plus qu'elle n'en importe. Et si les importations posaient problème, alors on pourrait en conclure qu'il faut de nouvelles centrales nucléaires…

L'intérêt général est de réduire les pointes de consommation, puisque ce sont elles qui imposent le dimensionnement des installations (centrales de production, lignes électriques…). Le mieux serait d'avoir une consommation également répartie dans le temps. C'est pourquoi on a créé le principe des heures creuses, qui incitent à consommer plutôt la nuit, quand la puissance appelée est faible. Il est vrai que le chauffage électrique implique de forts appels de puissance, mais tout mode de chauffage a ses inconvénients. Pour limiter les pointes, on demande à de gros consommateurs, des industries, de « s'effacer » provisoirement, c'est-à-dire de cesser de consommer durant ces moments.

En France, la majeure partie de l'électricité est produite par les centrales nucléaires. En 2018, ces centrales ont fourni 72 % de l'électricité l'hydraulique 12,5 %, le gaz 6 %, les éoliennes 5 %, les panneaux solaires photovoltaïques moins de 2 %, les centrales au charbon 1 % (figure 12). La progression importante de l'éolien et du photovoltaïque, ces dernières années, est sujette à polémiques. Ces énergies sont symboliques de la transition énergétique, de la croissance verte, du développement durable. Leur contribution est, pour le moment, faible, mais elles progressent vite. Elles sont renouvelables et n'émettent pas de polluants lors de leur fonctionnement ; ce sont de gros atouts. Leur gros problème vient de leur intermittence et de leur irrégularité : les éoliennes produisent au gré du vent, les panneaux photovoltaïques au gré de l'ensoleillement, des paramètres que l'on ne maîtrise pas. Leur production n'est donc pas pilotable, contrairement aux autres moyens.

Figure 12 Production d'électricité dans le monde en 2017 et en France en 2018.

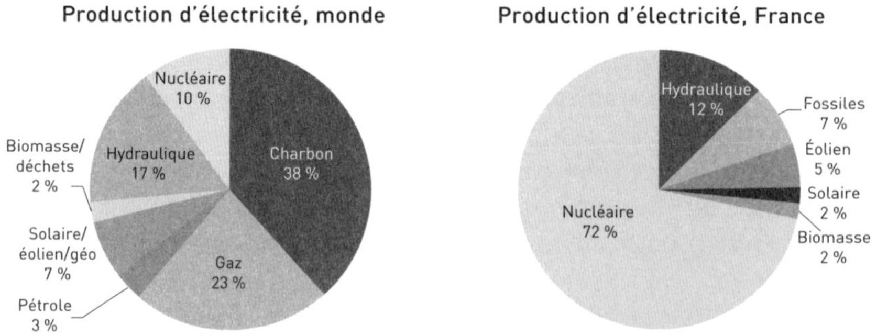

Sources : International Energy Agency, RTE.

Alors que, grâce à des centrales de production pilotables (nucléaire, gaz, charbon, fuel, hydraulique...), on est habitué à adapter en permanence la production à la consommation, on met en place des systèmes éolien et solaire dont la production est liée à la météo. À l'heure actuelle, cela signifie que les autres centrales doivent encore plus être capables de s'adapter : produire moins quand le vent souffle plus ou que le soleil brille davantage, ou produire plus quand vent et soleil sont moins présents. Les éoliennes et les panneaux photovoltaïques ne viennent donc actuellement pas à la place des autres moyens, mais en plus : les autres centrales sont moins utilisées, mais doivent exister quand même. Par exemple, en Allemagne, le 22 septembre 2017 à 19 h 30, alors que la consommation était de 63 GW, la production solaire était nulle, la production éolienne n'était que de 0,61 GW, soit 1,16 % des 52 GW de puissance installée ; et ce sont donc les moyens de production pilotables qui ont permis d'alimenter le pays (charbon, nucléaire, gaz, bois, hydraulique). En France, on pourrait remplacer une partie de la production nucléaire en développant davantage l'éolien, mais cela ne signifie pas que l'on pourrait fermer un nombre proportionnel de réacteurs.

Comme toute construction humaine a un impact environnemental pour être construite, maintenue, démantelée, il convient de s'interroger sur le bénéfice écologique de ces moyens de production supplémentaires.

À l'heure actuelle, les éoliennes ont un rôle bénéfique dans les pays où on produit l'électricité à partir d'énergies fossiles, puisqu'elles sont ainsi moins utilisées, ce qui limite leurs émissions polluantes. En France, l'éolien et le photovoltaïque permettent sans doute de produire un peu moins de déchets nucléaires, mais actuellement bien peu de lutter contre le réchauffement climatique ou la pollution atmosphérique, puisque le nucléaire y contribue très peu. Les moyens qui sont mis dans ces énergies seraient peut-être mieux investis dans d'autres domaines, l'isolation des logements par exemple.

On comprend que cette logique de moyens de production non pilotables a des limites et qu'il sera difficilement possible d'augmenter la part d'électricité éolienne ou solaire sans soit développer des moyens de stockage, soit une adaptation plus importante non plus de l'offre à la demande mais de la demande à l'offre (essentiellement en décalant dans le temps certaines consommations jugées non prioritaires).

Le stockage de l'électricité peut essentiellement se faire indirectement de trois manières.

• La plus répandue est sous forme hydraulique : on pompe de l'eau du bas vers le haut en heures creuses aux moments où l'on dispose d'électricité (nucléaire ou éolienne, par exemple), et on laisse redescendre cette eau aux heures pleines, entraînant les turbines de production électrique. Ce moyen de stockage nécessite donc de grands bassins d'eau et/ou une grande différence d'altitude entre deux bassins. Il est utilisé dans des barrages de production ou dans des systèmes appelés STEP (Station de Transfert d'Énergie par Pompage) qui ne servent qu'à stocker. Le développement des énergies intermittentes (éolien et solaire) pourrait donc être associé à celui des STEP. En France, bien qu'on ait largement développé ces installations, la capacité de stockage totale représente environ 2 heures de consommation d'électricité ! Des projets pharaoniques sont proposés comme, par exemple, la création de lacs artificiels d'eau de mer en haut des falaises de Normandie, la mer jouant le rôle du bassin inférieur, un tunnel entre le lac et la mer permettant de pomper l'eau ou de la laisser redescendre. De telles installations auraient, bien sûr, un impact environnemental. Quand on voit l'opposition qu'a rencontrée le barrage de Sivens, on peut douter qu'il sera possible de construire de nombreuses STEP dans le futur, le stockage de grandes quantités d'énergie nécessitant forcément de grands lacs artificiels.

• Un autre moyen est le stockage chimique dans des batteries. Les quantités d'énergie stockées sont faibles par rapport à la taille des batteries, dont l'impact environnemental est discutable. Les progrès des batteries sont lents, comme le montre l'histoire de l'automobile électrique : le premier véhicule automobile à atteindre la vitesse de 100 km/h était électrique (*La Jamais contente*, en 1899) ; Peugeot a commercialisé un véhicule électrique dès 1942, et la 106 électrique en 1996. Aujourd'hui encore, le principal problème de ces voitures est l'autonomie, les batteries étant lourdes et volumineuses par rapport à la quantité d'énergie stockée. L'Académie des sciences affirmait en avril 2017 que pour stocker la valeur de deux jours de consommation d'électricité française « avec une technologie performante lithium-ion comme celle employée sur les automobiles Tesla, il ne faudrait pas moins de 12 millions de tonnes de batteries utilisant 360 000 tonnes de lithium, sachant que 40 000 tonnes de ce métal sont extraites chaque année ». En Australie, la plus grande batterie au monde inaugurée en 2017 occupe plus de place qu'un terrain de football. Associée à des éoliennes, elle est utile pour absorber ou fournir de la puissance sur de courtes durées, mais sa capacité de 129 MWh représente moins de 20 secondes de consommation moyenne d'électricité australienne et environ 9 secondes (!) de consommation française !

Actuellement, le stockage par batterie est envisagé pour de courtes durées (fournir les pics de production en soirée, par exemple), mais pas pour utiliser l'hiver l'énergie de l'été.

• La troisième façon envisagée de stocker l'énergie électrique est de la transformer en gaz : on peut produire de l'hydrogène ou du méthane avec de l'électricité; cette technologie s'appelle « *power to gas* ». L'hydrogène et le méthane peuvent alors être injectés dans le réseau de gaz pour ensuite être utilisés pour produire de l'électricité (avec de grosses pertes entre l'électricité utilisée et celle restituée) ou pour d'autres usages. Sur le papier, cette technique est celle qui a le plus d'avenir. Toutefois, elle n'en est qu'au stade expérimental et nécessitera la mise en place de nouvelles infrastructures. Étienne Beeker, conseiller scientifique en charge des questions énergétiques chez France Stratégie, écrivait en 2014 que « la méthanation n'a aucun avenir à un horizon prévisible », et à propos de la production d'électricité à partir d'hydrogène que « ses très faibles rendements et son coût ne lui permettent pas de concurrencer avant longtemps les stations hydrauliques de pompage et les batteries électrochimiques » [Beeker].

D'autres moyens de stockage peuvent être utilisés comme, par exemple, l'air comprimé. Mais ces moyens ne sont à ma connaissance pas envisagés à grande échelle actuellement. Steven Chu, prix Nobel de Physique 1997, secrétaire à l'énergie de Barack Obama entre 2009 et 2013, déclarait en 2019 « Je ne pense pas qu'il soit possible d'atteindre 100 % d'énergies renouvelables dans un futur proche. Nous n'avons pas assez de moyens de stockage d'électricité. » [CHU].

Il est donc probable que le développement de l'éolien et du solaire entraînera une adaptation non plus seulement de l'offre à la demande mais aussi de la demande à l'offre. C'est en partie le rôle des « *smart-grids* », ou réseaux intelligents. Certains appareils jugés non prioritaires pourraient être coupés en l'absence de moyens de production. On peut imaginer que le tarif de l'électricité fluctue au gré du vent, du soleil et de la consommation, avec des appareils qui soient capables de décaler leur consommation en fonction du tarif et d'un niveau de priorité attribué à chaque appareil (les compteurs d'électricité « intelligents » y contribueront). Cette évolution aura peu de conséquences si cela conduit à différer un peu le fonctionnement du lave-linge ou du lave-vaisselle, mais globalement il s'agit bien là d'une tendance vers un confort moindre. Comment réagirons-nous lorsque l'électricité sera très chère au moment de mettre en route la cuisson du repas ou de réchauffer la salle de bains avec le chauffage d'appoint ? Comment organiserons-nous la société s'il faut décaler les horaires des usines, de la production de pain à la boulangerie, des TGV, des matchs de football en nocturne, des spectacles ?

Les éoliennes et les panneaux photovoltaïques sont souvent perçus comme des moyens de production locaux, proches des consommateurs, évitant les pertes de transport dans les longues lignes électriques et permettant de se passer des grosses entreprises de l'énergie. Pourtant, un argument souvent avancé par leurs promoteurs vis-à-vis du problème de l'intermittence du vent et du soleil est le foisonnement géographique : quand le vent ne souffle pas dans une région, il peut souffler ailleurs; le soleil ne se couche pas à la même heure partout. Les éoliennes du Nord pourraient donc alimenter le Sud quand le vent n'y souffle pas assez, et inversement; les panneaux solaires de l'Ouest alimenter l'Est... Ce raisonnement est très discutable, car il existe des moments, le soir en particulier, où le soleil est couché et où le vent souffle très peu sur toute l'Europe. Une thèse de Doctorat sur le thème « Potentiels et limites météorologiques et climatiques d'un foisonnement des énergies renouvelables » explique : « malgré la très large étendue spatiale que représente le continent européen, le foisonnement spatial des capacités de production et une très large intégration du réseau, les épisodes de très faibles vents et de production demeurent.

Ces situations météorologiques montrent les limites d'un foisonnement de la production d'énergie renouvelable. » [Lassonde]. D'autre part, cet argument du foisonnement montre bien que ces moyens de production n'ont rien de local. Il est clair aujourd'hui que les éoliennes entraînent davantage d'échanges d'électricité entre régions et pays, donc la construction de davantage de lignes électriques à haute tension. « Plus le mix est composé d'énergies renouvelables, plus il est besoin de capacités d'interconnexion », peut-on lire dans un rapport de la société Réseau de transport de l'électricité [RTE]. Ces constructions rencontrent très souvent de vives oppositions.

Le danger pour le futur est le recours au gaz. En fermant des réacteurs nucléaires qu'on espère remplacer par des renouvelables non pilotables, des reports de consommation pénibles et un stockage trop difficile à mettre en place, on prend le risque d'avoir des coupures d'électricité. Devant le mécontentement que cela susciterait, il est à craindre qu'on construirait alors en urgence des centrales électriques au gaz, relativement faciles à construire, mais émettrices de CO_2 et autres polluants, et nous rendant encore plus dépendants de nos fournisseurs de gaz. Dans son bilan prévisionnel 2017, Réseau de Transport de l'Électricité explique que « selon les configurations, le développement des centrales au gaz peut… résulter d'un besoin de moyens de secours pour accompagner l'intermittence des énergies renouvelables » [RTE BP 2017]. D'ailleurs en France où l'on s'apprête à fermer la centrale nucléaire de Fessenheim, on a décidé de construire une nouvelle centrale au gaz à Landivisiau en Bretagne.

Selon certains, tous nos maux viendraient de la centralisation de nos moyens de production d'électricité et il faudrait chercher notre salut dans de nombreuses petites unités décentralisées. « *Local is beautiful* » ! Les interconnexions nécessaires que je viens d'évoquer relativisent le côté local. D'autre part, l'impact environnemental d'une seule grosse installation est moindre que celui de dix installations dix fois moins puissantes. En effet, le rendement d'une grosse machine est toujours supérieur à celui d'une petite, et nécessite proportionnellement moins de matériaux.

Certaines compagnies d'électricité vendent une électricité soi-disant uniquement produite à partir de sources renouvelables. J'estime que c'est à la limite de la publicité mensongère. D'abord, parce que l'électricité correspond à un flux d'électrons qui se mélangent dans les câbles interconnectés : imaginons un fleuve alimenté par plusieurs affluents, et dans lequel certains pomperaient en affirmant que leur eau ne provient que de tel ou tel affluent... D'autre part, ces compagnies achètent effectivement chaque année autant d'énergie électrique d'origine renouvelable qu'elles en vendent, mais pas en temps réel : la puissance appelée par les consommateurs est bien souvent supérieure à la capacité de production des moyens renouvelables. Il est donc faux de penser qu'on ne consomme pas d'électricité nucléaire ou fossile parce qu'on est abonné chez un fournisseur d'électricité verte.

Le seul moyen d'être certain de consommer de l'électricité renouvelable locale serait de ne pas être raccordé au réseau et de stocker son électricité. Mais vu la difficulté du stockage, ce type d'installation n'est actuellement pas compatible avec une consommation « normale ». Certains refuges de montagne non raccordés au réseau électrique stockent dans des batteries l'électricité des panneaux photovoltaïques. Cela permet de s'éclairer quelques heures le soir mais aucunement de faire fonctionner des lave-linge, téléviseurs, ordinateurs, plaques de cuisson, fours, cafetières... On peut d'ailleurs s'interroger sur la pertinence écologique de l'autonomie étant donné l'impact environnemental des batteries. D'autre part, le « chacun pour soi » est-il préférable à la solidarité des échanges ?

Dans cette logique, certains territoires, comme certaines maisons, prétendent être « à énergie positive ». On confond souvent alors énergie et électricité : si un territoire peut produire plus d'électricité qu'il n'en consomme, cela ne signifie pas qu'il est à énergie positive, puisque l'électricité représente moins du quart de la consommation d'énergie. D'autre part, on retrouve le problème de l'intermittence et du stockage : à moins de disposer d'une géographie très favorable permettant une production d'électricité renouvelable pilotable par des moyens comme l'hydroélectricité ou des centrales au bois, des échanges d'électricité sont nécessaires pour assurer la disponibilité de la puissance électrique à chaque instant. Ces territoires ou maisons peuvent produire en moyenne plus qu'ils ne consomment grâce à des éoliennes ou panneaux solaires, mais ils absorbent à certains moments de l'électricité produite ailleurs. Dans un de ses rapports, Réseau de transport de l'électricité prend l'exemple d'une ville qui réussirait à produire chaque année autant d'électricité qu'elle en consomme grâce à l'éolien et au photovoltaïque et précise que « bien que la puissance installée renouvelable soit pratiquement le triple de la puissance consommée à la pointe, cette ville aura cependant besoin de la même capacité de réseau pour sécuriser son alimentation (sauf à lui substituer un stockage local, une production de secours locale ou organiser des effacements) » [RTE].

Symbolique, l'île d'El Hierro aux Canaries est présentée comme énergétiquement autonome grâce aux énergies renouvelables. Là encore, on confond électricité et énergie, les avions, bateaux et voitures fonctionnant très peu grâce à l'électricité… Cette île à faible densité de population a la chance de bénéficier d'une géographie très favorable : beaucoup de vent pour les éoliennes, et surtout du relief permettant un stockage par STEP grâce à deux énormes bassins de rétention d'eau de 150 000 m^3 séparés par 650 mètres de dénivelé. Inauguré en 2014, le système a encore eu besoin en 2018 de fioul pour 44 % de sa production.

C'est déjà un exploit, et il est possible que les performances futures s'améliorent. Mais cette technologie n'est absolument pas généralisable à des territoires plus densément peuplés, moins ventés, et surtout ne disposant pas de collines ou de montagnes pour y créer d'immenses bassins de rétention d'eau.

Énergie primaire ou finale ?

Est-il préférable de s'intéresser à l'énergie primaire ou l'énergie finale ? La querelle fait rage car elle a beaucoup d'importance sur le choix du type de chauffage des logements. On comptabilise actuellement l'énergie utilisée pour se chauffer en énergie primaire. Par convention, lorsqu'un logement est chauffé au gaz ou au fioul, on néglige les pertes de production et transport (qui existent pourtant) et on considère que l'énergie primaire est égale à l'énergie finale dépensée. Par contre lorsqu'un logement est chauffé à l'électricité, la convention veut qu'on multiplie par 2,58 la quantité d'énergie finale dépensée pour avoir la quantité d'énergie primaire. Ce coefficient permet de tenir compte des pertes du transport de l'électricité (environ 5 %) et surtout des importantes pertes dans les centrales électriques. En effet lorsqu'on produit de l'électricité avec du charbon, du gaz, du pétrole, du bois, de l'uranium, la majeure partie de l'énergie primaire devenue chaleur est dissipée dans l'environnement sans avoir été transformée en électricité. Il est donc préférable de mettre directement le charbon, le gaz, le fioul ou le bois dans sa chaudière plutôt que de produire de l'électricité qui sert à se chauffer. Le coefficient conventionnel 2,58 est donc parfaitement justifié lorsqu'on utilise ces sources d'énergie pour produire de l'électricité ; c'était le cas en France en 1972 lorsqu'il a été fixé. Mais le raisonnement n'a plus beaucoup de sens lorsqu'on produit de l'électricité avec de l'uranium, et encore moins avec des barrages hydro-électriques, des éoliennes ou du solaire. Dans le cas du nucléaire, il est indéniable que le rendement des centrales est mauvais et qu'elles rejettent beaucoup de chaleur. Mais est-ce grave ? Comme nous le verrons par la suite, le nucléaire n'est pas exempt de défauts, il produit des déchets mais très peu de CO_2 et autres polluants atmosphériques si bien que le chauffage électrique « nucléaire » est de ce point de vue moins polluant que les autres modes de chauffage. D'ailleurs compter l'énergie primaire contenue dans une quantité d'uranium n'est pas aisée et relève déjà d'une convention puisque la chaleur dégagée dépend du type de réacteur. Le coefficient 2,58 est encore plus discutable avec une électricité qui est de plus en plus fournie par des éoliennes et des panneaux photovoltaïques. On ne s'intéresse alors pas à l'énergie mécanique du vent qui entraine les pâles d'une éolienne ni à l'énergie solaire qui arrive sur un panneau : comme pour l'hydroélectricité, par convention on comptabilise alors en énergie primaire l'électricité qui sort de ces procédés et non l'énergie entrante. Leur rendement, loin d'être parfait, n'est donc pas pris en compte. Ce mode de calcul me paraît logique : la source d'énergie étant abondante et non polluante, un meilleur rendement serait bien sûr préférable mais ce n'est pas un critère primordial. Il ne serait donc pas illogique d'appliquer le même raisonnement à l'énergie nucléaire, ne pas tenir compte de son rendement, puisqu'une très faible quantité d'uranium peu impactante sur l'environnement suffit pour dégager une énorme quantité d'électricité.

Le problème est que ce fameux coefficient 2,58 encourage le chauffage au gaz qui pollue plus que le chauffage électrique. En effet la réglementation thermique 2012 exige qu'un logement consomme moins de 50 kWh par m^2 et par an d'énergie primaire. Lorsqu'un logement est chauffé au gaz ou au fioul, le coefficient est 1, mais si le chauffage est électrique on exige que le logement consomme moins de 50 / 2,58 = 19,4 kWh/m^2 par an. Ce niveau nécessitant une isolation difficile à obtenir, plus de 70 % des logements neufs depuis 2012 sont chauffés au gaz. Le diagnostic de performance énergétique classe « C » un logement chauffé à l'électricité alors que le même logement chauffé au gaz est classé « A » bien qu'il émette davantage de CO_2. De même le diagnostic de performance énergétique d'une maison ancienne sera meilleur si on remplace le chauffage électrique par un chauffage au gaz plus émetteur.

La bataille fait rage entre les électriciens et les gaziers pour supprimer, modifier ou maintenir le coefficient 2,58, voire ne comptabiliser que l'énergie finale d'un logement. Les enjeux financiers sont importants. C'est pour l'instant le lobby gazier qui l'a emporté, au détriment des émissions polluantes et de probables tensions géopolitiques futures concernant notre approvisionnement en gaz. En l'année 2019 où j'écris ces lignes, les réglementations sont en train d'évoluer, mais on constate que depuis des années ce n'est pas le lobby nucléaire qui l'a emporté.

3 Importance de l'énergie

Impacts de l'énergie sur la société

Nous engloutissons chaque jour des quantités d'énergie considérables sans nous en rendre compte. Cela nous paraît naturel, tout comme nous trouvons naturel d'avoir à disposition une voiture capable de développer 100 chevaux, soit la puissance de cent canassons.

Trois miracles de la nature – le charbon, le gaz et le pétrole – représentent plus de 80 % de l'énergie consommée aujourd'hui par les Terriens. Depuis l'origine de la Terre, l'énergie solaire a permis la vie, en particulier celle des végétaux qui la transforment en matière organique par la photosynthèse. Une partie de ces végétaux s'est muée en charbon, gaz, ou pétrole par un processus qui a pris des millions d'années. Il y a environ deux cents ans, c'est-à-dire hier à l'échelle de la planète, les êtres humains ont commencé à comprendre l'immense pouvoir qu'ils pouvaient tirer de cette énorme manne d'énergie mise à leur disposition par la nature. Les conséquences en ont été considérables : dans les pays riches, l'organisation de la société en a été totalement bouleversée, permettant de faire passer les humains des champs aux usines, puis au bureau.

L'abondance d'énergie a largement contribué à la transformation d'une société agricole au début du XIXe siècle en une société tertiaire comme celle que nous connaissons aujourd'hui dans les pays riches. Cette abondance a facilité la production de nourriture en permettant la fabrication d'outils, d'engins agricoles, l'irrigation, la conservation des aliments, la cuisson, l'utilisation d'engrais. Par exemple, le guano, engrais naturel, a largement été exporté au XIXe siècle d'Amérique du Sud vers les États-Unis et l'Europe grâce à des bateaux à vapeur alimentés au charbon [Mouhot]. Au XXe siècle, on s'est mis à produire des engrais chimiques grâce à du charbon, du gaz ou du pétrole. La disponibilité de l'énergie a facilité l'accès à l'eau potable et à sa dépollution grâce au pompage. L'énergie a amélioré le logement grâce à la fabrication de matériaux de construction, aux engins de chantier, au chauffage. Elle a facilité le transport, permettant une meilleure répartition des minerais, des matériaux, de la nourriture. L'abondance d'énergie a libéré du temps pour les humains, qui ont pu se consacrer davantage à l'éducation, à la santé, à la culture et aux loisirs.

Peu de gens travaillent dans les champs et dans les usines malgré une profusion de nourriture et de biens à leur disposition. Cette société évoluée de personnes qui ont le temps de réfléchir, qui ne travaillent que 35 heures par semaine avec des congés payés, qui disposent du confort, ont accès à la culture, aux soins médicaux et aux loisirs, on la doit très largement à cette abondance d'énergie qui a permis de remplacer les êtres humains par des machines. L'importance de l'énergie est probablement nettement sous-estimée dans l'incroyable évolution que nous avons connue depuis deux cents ans. Sans machines ni transports consommant beaucoup d'énergie, nous serions encore, pour la plupart d'entre nous, dans les champs. Ces métamorphoses de la société ont rendu les emplois moins harassants, la fabrication de machines et de matériaux permettant de libérer de la main-d'œuvre maintenant employée, par exemple, à augmenter et transmettre les connaissances, à soigner, aider, informer, gérer… Ce développement a contribué à faire passer l'espérance de vie de 35 ans au début du XIXe siècle à plus de 80 aujourd'hui dans les pays riches. Certes, la médecine et l'évolution de l'hygiène ont largement contribué à l'augmentation de l'espérance de vie. Mais il serait impossible de payer des gens à prévenir et soigner les maladies, de former ces gens, de chercher à améliorer les techniques médicales, de construire des hôpitaux… si l'on avait besoin de toute cette main-d'œuvre pour produire de la nourriture. D'autre part, l'hygiène, la construction des hôpitaux, leur fonctionnement, la production et le transport des dispositifs de soins… nécessitent de l'énergie.

La quasi-totalité des ménages français dispose aujourd'hui d'un lave-linge (précisément, 96 %) et de l'eau courante. Cet appareil a changé la vie des familles par rapport à l'époque où l'on faisait la lessive à la main après être allé tirer de l'eau au puits, l'avoir fait chauffer sur le poêle, être allé chercher du charbon, voire découper du bois. Le lave-linge est un objet tellement banal que l'on oublie son importance. Pourtant, ces appareils seraient beaucoup moins répandus sans une énergie abondante. Celle-ci permet de les faire fonctionner, mais aussi de les fabriquer en alimentant un réseau d'usines et d'engins énergivores capables d'extraire, transporter et transformer des minerais en acier, verre, moteurs, composants électroniques…

Le graphique suivant (figure 13) montre le pourcentage des emplois dans l'agriculture en fonction de la consommation d'énergie par habitant, chaque point représentant un pays du monde. Globalement, la tendance générale montre clairement que ce pourcentage baisse lorsque la consommation d'énergie augmente. Il est difficile d'avoir une société développée sans consommer beaucoup d'énergie. Certes, on peut être agriculteur et heureux, mais si la population est accaparée par la production alimentaire, elle n'est pas disponible pour d'autres tâches.

Figure 13 Pourcentage des emplois dans l'agriculture en fonction de la consommation d'énergie par habitant en tonnes d'équivalent pétrole, chaque point représentant un pays du monde, moyennes de 2011 à 2015.

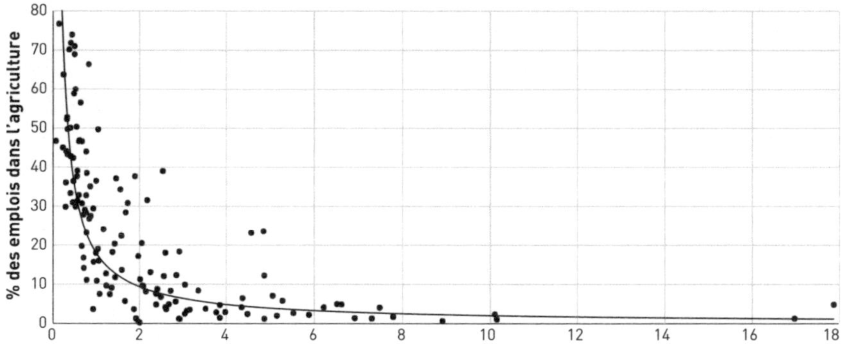

Données : Banque mondiale.

Sur la figure 14 a été tracée l'espérance de vie en fonction de la consommation d'énergie pour différents pays. Certains – le Qatar, par exemple – affichent une consommation d'énergie élevée sans pour autant avoir une espérance de vie très élevée. Mais tout de même, on constate que l'on a tendance à vivre plus vieux là où on consomme beaucoup. Cette augmentation de l'espérance de vie à la naissance est aussi due à la baisse de la mortalité infantile, qui ne peut laisser indifférent, largement liée à l'accès à l'énergie.

Figure 14 Espérance de vie en fonction de la consommation d'énergie par habitant en kilos d'équivalent pétrole, chaque point représentant un pays du monde, valeurs moyennes de 2011 à 2015.

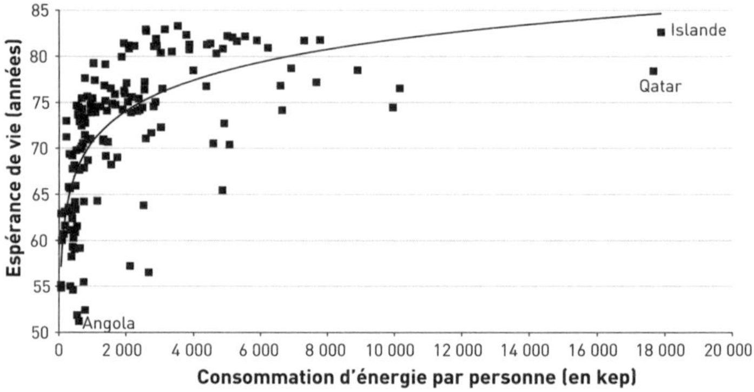

Données : Banque mondiale.

L'indice de développement humain a été créé par le Programme des Nations unies pour le développement (PNUD) en 1990 pour évaluer le niveau de développement humain des pays du monde. Il tient compte de l'espérance de vie, du niveau d'éducation et du revenu par habitant. Sur la figure 15 a été tracé cet indice en fonction de la consommation d'énergie par personne. Il apparaît clairement que l'indice est faible là où on consomme peu.

L'indice de capital humain a été créé en 2018 par la banque mondiale. Il mesure le niveau de capital humain qu'un enfant né aujourd'hui est susceptible d'atteindre à ses 18 ans. Il intègre ses chances de survie à 18 ans, la durée et les acquis de sa scolarité, sa

Figure 15 Indice de développement humain en fonction de la consommation d'énergie par habitant en kilos d'équivalent pétrole, chaque point représentant un pays du monde, consommations moyennes de 2009 à 2012.

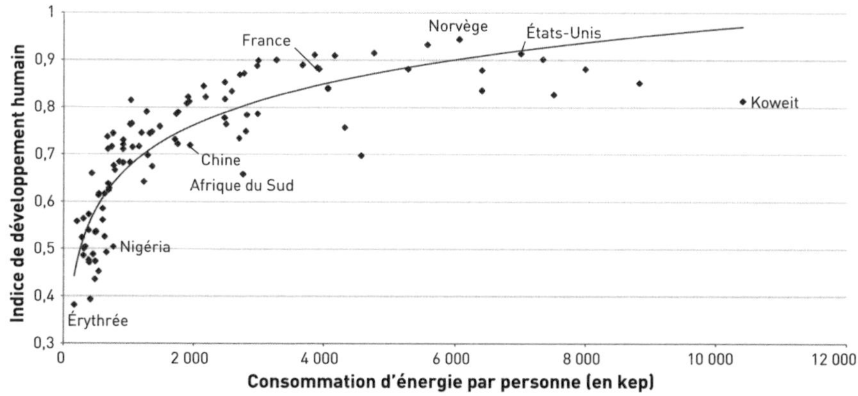

Données : Banque mondiale.

santé. Sur la figure 16 cet indice a été tracé en fonction de la quantité d'énergie consommée par personne dans chaque pays. Là encore on constate les difficultés des pays qui ont peu accès à l'énergie.

L'énergie facilite la satisfaction des besoins vitaux, et de nombreux pays pauvres ont besoin de plus d'énergie pour améliorer les conditions de vie de leurs habitants.

À la lecture de ces courbes, on voit qu'apparaît une « saturation » : on ne vit pas deux fois plus longtemps parce qu'on consomme deux fois plus. Effectivement, certains pays gaspillent, et diviser la consommation d'énergie par deux ne signifierait pas diviser l'espérance de vie par deux. Il y a donc sans doute des marges de progression dans certains pays riches qui devraient pouvoir consommer moins sans graves conséquences. Mais il semble difficile de vivre dans un pays développé avec moins de 3 tep (ou 3 000 kep) par personne et par an (on est, en France, en 2018, à environ 3,8 tep par personne). Si les 7,5 milliards d'êtres humains de la planète avaient accès de manière égale à ces 3 tep, donc en supposant que les pays riches réduisent beaucoup leur consommation (5,5 tep par personne en Australie, 6,9 aux États-Unis,

Figure 16 Indice de capital humain en fonction de la consommation d'énergie par habitant en tonnes d'équivalent pétrole, chaque point représentant un pays du monde, consommations moyennes de 2011 à 2015.

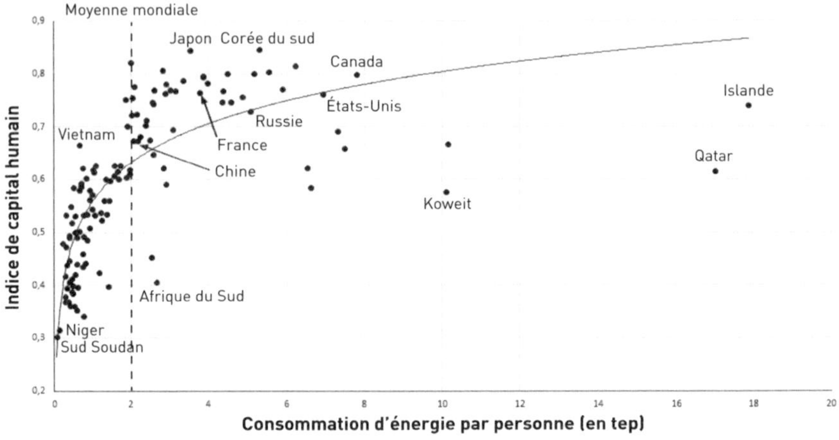

Données : Banque mondiale.

7,7 au Canada, 17,8 en Islande), il faudrait disposer dans le monde chaque année de 22 500 millions de tep alors que la consommation mondiale était en 2018 de 13 684 [BP]. Avec 10 milliards d'individus sur la planète en 2050, il faudrait plus que doubler l'énergie mise à la disposition des Terriens.

Énergie et croissance

L'activité économique, c'est-à-dire l'ensemble des actions que doit accomplir la population humaine afin de satisfaire ses besoins grâce à la production de biens et de services, nécessite de l'énergie pour extraire des matières premières, les transformer, les transporter, les vendre, gérer l'administratif, proposer des services…

Le PIB, ou Produit Intérieur Brut, reflète l'activité économique, donc l'activité des êtres humains. Cet indice est contestable, car il ne reflète pas forcément le bonheur humain. Il peut augmenter, par exemple, suite à une catastrophe naturelle si la reconstruction néces-

Figure 17 PIB mondial, en millions de dollars de 1990, depuis l'an 0.

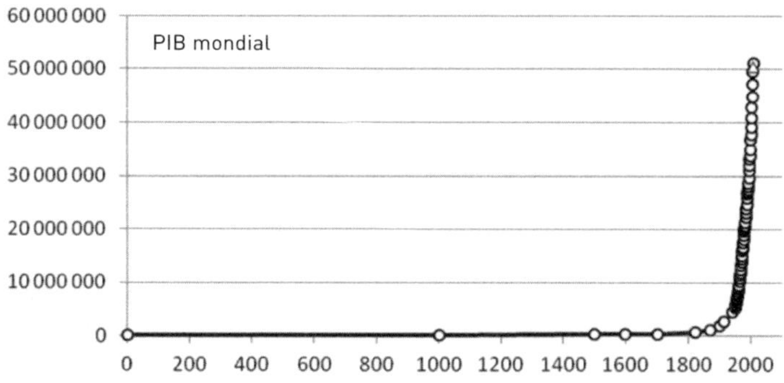

Source : Tessaleno C. Devezas [Devezas].

site de l'activité. D'autre part, certaines activités non marchandes utiles ne sont pas incluses dans son calcul alors qu'elles sont également consommatrices d'énergie. Toutefois, le PIB est sans doute l'indice le plus révélateur de l'activité humaine. L'immense majorité des politiques recherchent son élévation : en effet, le PIB par habitant mesure de façon approximative le niveau de vie à travers l'accès à des biens et à des services.

La figure 17 montre l'évolution du PIB mondial depuis deux mille ans, reconstitué par des universitaires [Devezas]. Il apparaît clairement que le PIB a stagné jusqu'à la révolution industrielle au début du XIXe siècle, au moment où on a commencé à exploiter le charbon.

Dans les pays riches, le PIB s'est considérablement élevé après la Seconde Guerre mondiale, en même temps que la consommation de pétrole. La figure 18 montre l'évolution de la consommation d'énergie dans le monde de 1800 à 2015. Jusqu'à la fin du XIXe siècle, on consommait essentiellement du bois. Le charbon est devenu dominant dans la première partie du XXe siècle, le pétrole dans la 2e partie. On constate une très forte croissance depuis la deuxième guerre mondiale. L'arrivée du pétrole et du gaz n'a pas fait diminuer la consommation de charbon ; l'arrivée de l'hydroélectricité, du nucléaire et des autres renouvelables, qui se voient à peine sur la figure, n'ont pas fait diminuer la consommation d'énergies fossiles.

Figure 18 Énergie mondiale par source de 1800 à 2015.

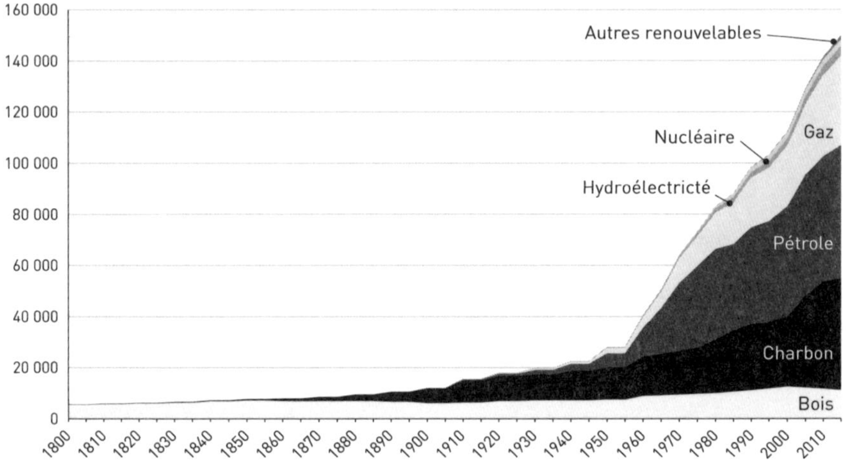

(Il semble que les données concernant les énergies fossiles soient en énergie primaire, les autres en énergie finale.)

Source: https://ourworldindata.org/grapher/global-primary-energy, d'après Vaclav Smil (2017). *Energy Transitions: Global and National Perspectives* & BP Statistical Review of World Energy.

La figure 19 montre l'évolution du PIB et celle de la consommation d'énergie de 1965 à 2018 : leurs croissances témoignent de l'augmentation des activités humaines.

La croissance du PIB a toujours été liée à celle de l'énergie. Certes, comme on le voit sur la figure 19, la consommation d'énergie mondiale augmente aujourd'hui moins vite que le PIB (on dit que l'intensité énergétique du PIB diminue), mais jusqu'ici la croissance économique n'a jamais été conjuguée durablement à une baisse de la consommation d'énergie.

Sur la figure 20 sont reprises les données précédentes : l'énergie est tracée en fonction du PIB mondial, chaque point représentant une année. La corrélation apparaît clairement. L'idéal serait que la consommation d'énergie diminue alors que le PIB augmenterait, donc que cette courbe se mette à diminuer durablement. On ne voit même pas le début d'une telle tendance.

Figure 19 Évolution du PIB mondial en dollars constants de 2010 et de l'énergie primaire consommée dans le monde, base 100 en 1965.

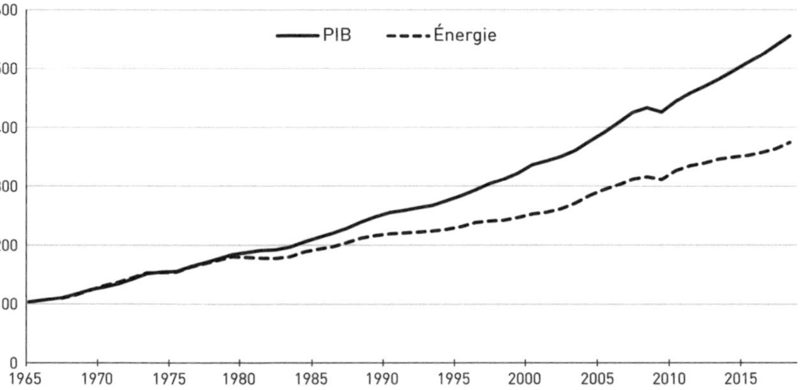

Source : Banque mondiale/*BP statistical review of world energy 2019* [BP].

Figure 20 Énergie consommée dans le monde en millions de tep, en fonction du PIB mondial en dollars US constants de 2010.

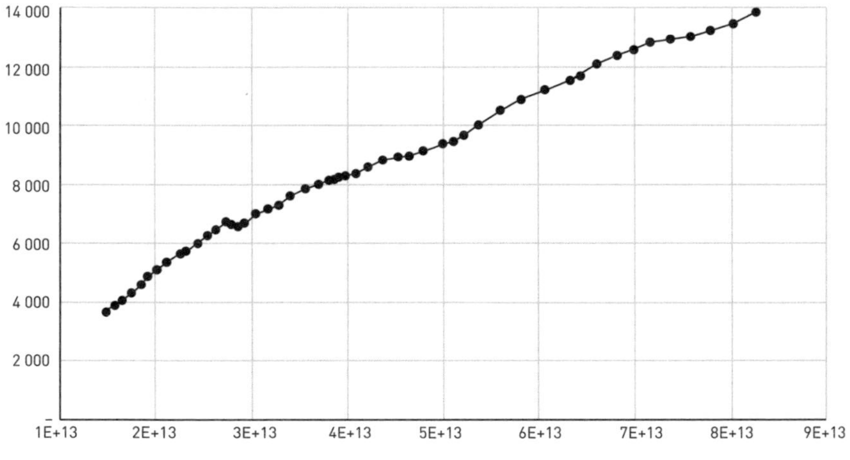

Source : Banque mondiale/*BP statistical review of world energy 2019* [BP].

Les courbes de la figure 21 donnent l'évolution des pourcentages annuels de variation du PIB mondial et de la consommation d'énergie de 1965 à 2018 : la corrélation entre les deux saute aux yeux. D'après

Figure 21 Évolution des pourcentages annuels de variation du PIB mondial (en dollars courants) et de la consommation d'énergie primaire.

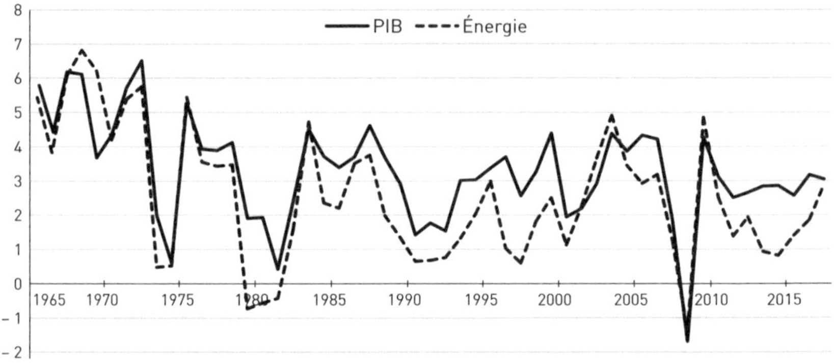

Données : Banque mondiale/*BP statistical review of world energy 2019* [BP].

Jean-Marc Jancovici (qui a tracé ce type de graphiques bien avant moi), les variations de la consommation d'énergie précèdent souvent celles du PIB [Jancovici web].

D'après les économistes G. Giraud et Z. Kahraman [Giraud Kahraman], une augmentation de 60 % du PIB mondial nécessite une augmentation de 100 % (donc un doublement) de la consommation d'énergie (en d'autres termes, une croissance annuelle du PIB mondial de 3 % s'accompagne d'une augmentation de 5 % de la consommation d'énergie). Selon eux, le rôle de l'énergie serait largement sous-estimé.

Thierry Caminel, ingénieur et auteur d'ouvrages sur les liens entre économie et énergie, affirme, dans *L'Impossible Découplage entre énergie et croissance* [Caminel], qu'« on démontre facilement que le taux de croissance du PIB par habitant est à peu près égal à la somme de l'augmentation de la consommation énergétique par habitant et de l'évolution de l'intensité énergétique du PIB » et que cette dernière ne s'améliore que très lentement.

D'après l'économiste Tim Morgan, l'économie n'est pas une question d'argent, mais une fonction de l'énergie excédentaire, c'est-à-dire de l'énergie dont nous disposons.

D'après l'économiste Maarten Van Mourik, spécialiste de l'analyse du marché pétrolier, et le cadre de l'industrie du pétrole Oskar Slingerland « les problèmes d'offre d'énergie restreindront inévitablement la croissance du PIB global » ; « la croissance économique et la richesse réelle sont créées par le travail qui s'appuie sur les machines et l'énergie, et non en déplaçant des masses d'argent et de dettes virtuelles » [Mourik].

Le pétrole est depuis les années 1960 la première source d'énergie au monde. En 1973, alors que la demande de pétrole n'avait jamais cessé d'augmenter et que le prix du baril était stable, les pays producteurs de pétrole ont décidé un embargo pétrolier contre plusieurs pays occidentaux qui soutenaient Israël dans la guerre du Kippour. Conséquemment, le prix du baril a été multiplié par trois entre 1972 et 1975; ce fut le premier choc pétrolier. En 1979, la révolution en Iran a déclenché le second. Les deux hausses de prix sont parfaitement visibles sur la figure 22, qui montre l'évolution du prix du baril de 1945 à 2010. Ces manques de pétrole ont cassé la croissance, entraîné des crises économiques, du chômage, des déficits publics... Ce qui est également très visible, c'est que le record du prix du baril a été atteint en 2008, juste avant ce qu'on a appelé « crise financière ». Le pic du prix de 2008 ne résulte pas d'un conflit ou d'un embargo, mais probablement simplement du rapport entre l'offre et la demande, celle-ci

Figure 22 Évolution du prix de baril de pétrole à New York en dollars US courants.

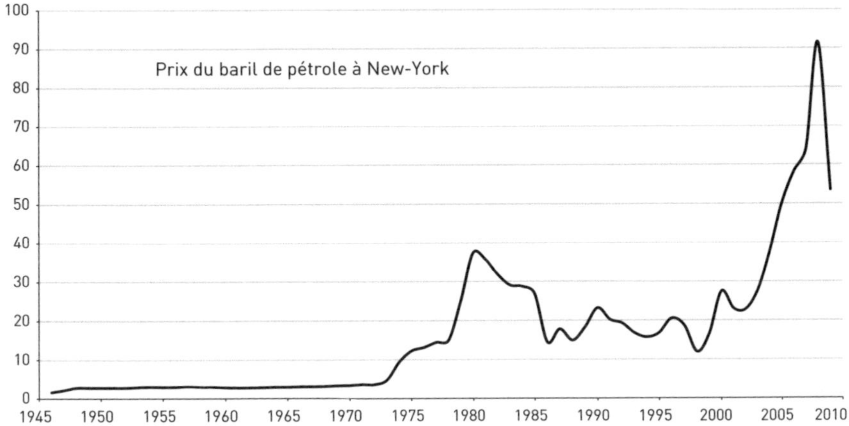

Source : Agence internationale de l'énergie.

étant devenue plus élevée que les capacités de production. La crise de 2008 est, selon certains, largement liée à la raréfaction du pétrole, qui n'aurait plus permis d'alimenter l'économie. L'économiste du CNRS Gaël Giraud affirmait en 2014 [Giraud interview] que « nos économies se sont endettées pour compenser la hausse du prix du pétrole ! Comme le crédit était très bon marché, cela a permis de rendre le choc pétrolier relativement indolore. Dans le même temps, la politique monétaire, la déréglementation et la myopie du secteur bancaire ont aussi provoqué le gonflement de la bulle des *subprimes*, dont l'éclatement en 2007 a enclenché la crise. Le remède qui a permis d'amortir le choc pétrolier a donc aussi provoqué la pire crise financière de l'histoire, elle-même largement responsable de la crise actuelle des dettes publiques, de la fragilisation de l'euro, etc. Tout se passe donc comme si nous étions en train de payer, maintenant, le véritable coût de ce **troisième choc pétrolier**. » La cause profonde de cette crise ne serait donc pas seulement financière mais aussi physique. Tim Jackson, économiste britannique, spécialiste en développement durable, écrivait en 2009 [Jackson] : « Il semble désormais probable que les prix très élevés atteints par les principales matières premières à la mi-2008 résultaient, pour une partie, de la spéculation et, pour une autre partie, de problèmes d'offre identifiables, comme la limitation des capacités de raffinage en cas de forte demande. » Mathieu Auzanneau, spécialiste des questions pétrolières, suggère dans son livre *Or noir* que « l'augmentation du cours du baril alimente puissamment l'inflation, laquelle déclenche en réaction une hausse des taux d'intérêts, hausse qui provoque l'explosion de la bulle des *subprimes* » [Auzanneau]. Maarten Van Mourik, et Oskar Slingerland ont écrit dans leur ouvrage *la crise incomprise* « la bulle financière que le monde a connu jusqu'en 2007 n'a prospéré qu'en raison de l'abondance de pétrole bon marché » ; « nous savons pourquoi le prix du pétrole a grimpé : non pas à cause de la spéculation, mais en raison de l'agonie d'un système basé sur l'abondance d'une source d'énergie dans laquelle nous avons puisé sans compter » ; « la crise de 2008… a une caractéristique qui la distingue de toutes les crises précédentes… c'est bien la demande réelle qui s'est heurtée aux limites de l'offre » [Mourik].

Il est donc très probable que le manque d'énergie a joué un rôle important dans la crise dite financière de 2008. Il est également très probable que la légère baisse de la consommation d'énergie en France depuis cette crise est liée à la stagnation, voire la baisse inédite, du PIB de la France et du pouvoir d'achat des Français depuis 2007, expliquant selon l'économiste François Bourguignon dans le journal « Le Monde » du 6 mars 2019, la crise des gilets jaunes qui a débuté à l'automne 2018.

La figure 23 montre l'évolution de la consommation de pétrole des États-Unis de 1965 à 2015, similaire à celle des autres pays riches. On constate qu'elle est passée par un maximum en 2005 et a commencé à diminuer dès 2006, avant le début de la crise, ce qui corrobore l'idée que le manque de pétrole a entraîné la crise. La production mondiale de pétrole s'est d'ailleurs stabilisée de 2004 à 2008, comme le montre la figure 24. La crise économique a bien sûr provoqué ensuite une baisse de la demande qui, conjuguée à l'arrivée sur le marché de pétroles non conventionnels, a considérablement fait baisser les prix dans les années suivantes. Pour combien de temps ?

Lorsqu'il y a croissance du PIB (ou « croissance » tout court), c'est que l'activité augmente : les entreprises embauchent davantage et le chômage tend à diminuer, elles font davantage de bénéfices et une partie peut aller aux salariés dont le pouvoir d'achat s'accroît, les

Figure 23 Évolution de la consommation de pétrole des États-Unis de 1965 à 2016, en millions de tep.

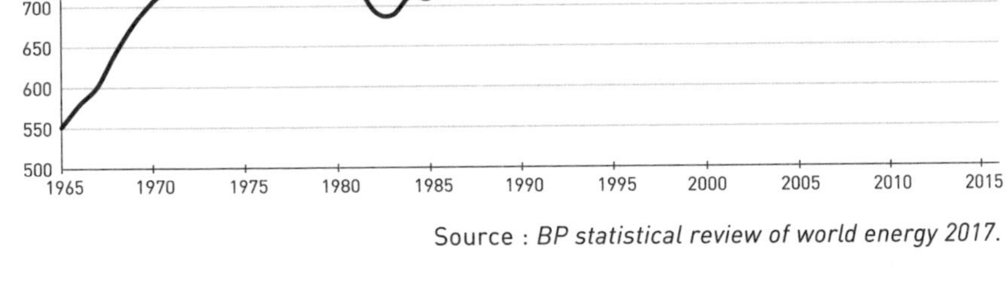

Source : *BP statistical review of world energy 2017.*

Figure 24 Évolution de la production mondiale de pétrole de 1965 à 2018, en millions de tonnes d'équivalent pétrole.

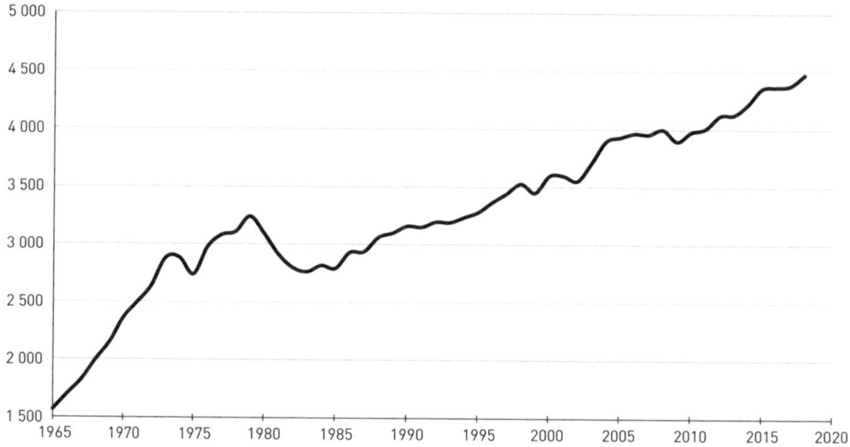

Source : *BP statistical review of world energy 2019.*

cotisations sociales augmentent, les caisses de retraite et santé sont donc mieux alimentées, l'État engrange davantage de recettes fiscales et peut baisser les impôts ou investir dans les services publics, les aides sociales, le budget de l'éducation, de la recherche, de la culture… Cette intensification des échanges de biens et de services est logiquement censée accroître le confort des gens. Si l'on mesure la richesse à la quantité de biens et de services dont nous disposons, la croissance économique permet d'augmenter la quantité de richesses et donc à certains de s'enrichir sans prendre aux autres. Partager un gâteau qui grossit est plus facile pour celui qui dirige.

Dans la plupart des pays, l'État dépense plus qu'il n'a de recettes et emprunte régulièrement. « Si le taux d'intérêt de la dette dépasse le taux de croissance du PIB, on peut avoir un effet boule de neige et le poids de la dette s'alourdit automatiquement. Si au contraire le taux d'intérêt est inférieur au taux de croissance, le poids de la dette s'allège. » « La seule chose qui puisse faire mécaniquement augmenter les recettes de l'État et de la Sécurité sociale, c'est la croissance » [Musolino].

On comprend donc bien que les politiques au pouvoir recherchent la croissance économique.

La prise de conscience écologique de ces dernières années nous incite à moins consommer d'énergie, à moins gaspiller, à moins jeter. En effet, la finitude des ressources énergétiques et les nombreux inconvénients liés à la consommation d'énergie doivent nous y inciter. Mais cela implique de moins produire, de moins vendre, d'avoir moins d'activités. D'où des questions fondamentales : la croissance économique est-elle compatible avec la baisse de la consommation d'énergie et de ressources ? La croissance économique perpétuelle est-elle possible ? Peut-on consommer toujours plus d'énergie, de surfaces, de métaux rares, de minerais divers, d'eau... ?

Pour certains économistes, le problème n'est QUE technique [Musolino]; ils pensent que les technologies futures et la croissance verte feront faire des miracles. Selon les optimistes du développement durable, les nouvelles technologies, en particulier celles liées à l'informatique, permettraient un découplage entre économie et énergie. Mon avis est que la technique ne fait que suivre les lois de la physique, lesquelles ont des limites. Ces technologies ne fonctionnent dans les pays riches que parce des industries énergivores fabriquent en Asie les appareils dont nous avons besoin. D'autre part, le développement des technologies numériques s'est accompagné de celui d'énormes *data-centers*, très voraces en électricité; le numérique absorbe déjà environ 10 % de l'électricité mondiale. Si l'on tient compte de tout, un smartphone consommerait autant d'énergie qu'un réfrigérateur. Selon le think tank *The shift project,* le secteur numérique serait en 2019 responsable de près de 4 % des émissions de gaz à effet de serre dans le monde, soit davantage que le transport aérien civil, et l'augmentation de sa consommation atteindrait près de 9 % par an. Bien sûr, certains secteurs économiques sont moins impactants que d'autres, mais je ne suis pas convaincu que la croissance puisse être verte.

Depuis la nuit des temps, la population mondiale s'accroît. La figure 25 montre qu'elle a très peu augmenté durant des siècles. Sa croissance s'est accélérée un peu après le Moyen Âge et s'est considérablement emballée au XIXe siècle, en relation avec la révolution industrielle et... la consommation d'énergies fossiles.

Figure 25 Évolution de la population mondiale depuis deux mille ans.

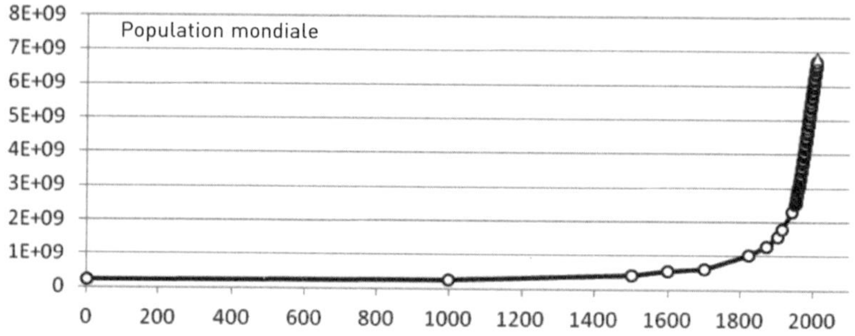

Source : Tessaleno C. Devezas [Devezas].

La question de la croissance économique est en partie liée à celle de la croissance démographique, la deuxième entraînant la première. Deux positions s'affrontent :

- encourager la croissance démographique, qui alimente la croissance économique et augmente la quantité de richesses afin de lutter contre la pauvreté ;
- considérer que la croissance économique perpétuelle n'est pas possible, car elle nécessite une consommation toujours plus élevée de ressources naturelles, en particulier d'énergie ; considérer que partager les ressources entre un plus grand nombre de gens entraîne mathématiquement une baisse de la quantité de richesses par personne.

Cette deuxième vision a été mise en avant au début du XIXe siècle par l'économiste Thomas Malthus, qui préconisait une régulation de la population afin d'éviter la pauvreté. Dans les faits, Malthus a jusqu'ici été démenti : l'utilisation massive d'énergies fossiles et, conséquemment, le progrès des techniques agricoles, des mesures d'hygiène, de la médecine… ont permis de faire passer la population mondiale d'environ un milliard d'habitants au début du XIXe siècle à plus de sept milliards aujourd'hui. Malthus avait-il tort ou était-il simplement en avance de quelques siècles ? On peut lire dans *Moins nombreux, plus heureux* [Sourrouille], un livre collectif contenant d'intéressantes réflexions : « Tous les écologues qui ont travaillé la question des relations démographie/environnement parviennent plus ou moins à la même conclusion : si nous souhaitons que l'immense majorité de la population mondiale bénéficie d'un style de vie comparable à celui d'un Européen moyen de 2010, le nombre de cette population se situerait autour d'un milliard. À la condition supplémentaire que ce style de vie devienne rapidement beaucoup plus économe en consommation d'énergie et de matières premières. » Plus récemment, des chercheurs canadiens et suédois ont publié un article [Wynes] dans lequel ils affirment qu'avoir moins d'enfants est de loin la mesure la plus efficace pour combattre le réchauffement climatique et qu'« une famille américaine qui choisit d'avoir un enfant de moins contribue au même niveau de réduction des émissions de gaz à effet de serre que 684 adolescents qui choisissent de recycler complètement leurs déchets pour le reste de leur vie ».

Un ouvrage très important sur ces thèmes est le fameux rapport Meadows, *Les Limites de la croissance* [Meadows]. Ce rapport est le fruit d'une étude démarrée en 1972 par des scientifiques du Massachusetts Institut of Technology à la demande d'un groupe de réflexion appelé « Club de Rome ». Les auteurs – Donella Meadows, Jorgen Randers et Dennis Meadows – ont tenté de modéliser informatiquement le monde avec des boucles d'action et de rétroaction, du style « Si plus d'intrants agricoles, alors plus de nourriture », « Si plus de nourriture, alors plus de population », « Si plus de population, alors plus de consommation d'énergie, de pollution ou d'épuisement des ressources »...

En 2004, ces auteurs ont repris leurs travaux, constaté que les prévisions de 1972 étaient en bonne voie de se réaliser, et à nouveau essayé de prévoir les conséquences d'une croissance exponentielle dans un monde fini. Leurs conclusions font peur : en résumé, on évitera l'effondrement de la société si, très rapidement, on stabilise la population mondiale et la production industrielle, on améliore l'efficience de l'utilisation des ressources, on limite la pollution... La plupart des scénarios mènent à l'effondrement de notre civilisation, c'est-à-dire à une chute brutale de l'espérance de vie, donc de la population, de la production industrielle, de la nourriture et des services par habitant, de l'indice de bien-être humain. Les auteurs de ce rapport ont été vivement critiqués. Pourtant, les civilisations qui se sont effondrées dans l'Histoire sont nombreuses, comme l'explique Jared Diamond dans *Effondrement* [Diamond]. Les civilisations des habitants de l'île de Pâques, des Polynésiens des îles Pitcairn, des Anasazis du sud-ouest des États-Unis, des Mayas d'Amérique centrale... se sont effondrées, essentiellement pour des raisons environnementales.

L'équation de Kaya

Afin de limiter le réchauffement climatique, les humains doivent réduire leurs émissions de gaz à effet de serre, essentiellement du CO_2 issu de l'utilisation d'énergies fossiles. L'équation introduite en 1993 par l'économiste japonais Yoichi Kaya permet de se rendre compte simplement de la difficulté de la tâche.

$$CO_2 = \text{Population} \times \frac{\text{PIB}}{\text{Population}} \times \frac{\text{Énergie}}{\text{PIB}} \times \frac{CO_2}{\text{Énergie}}$$

D'un point de vue purement mathématique, il est aisé de constater que des simplifications s'opèrent et que cette équation est bonne. Si l'on veut diminuer les émissions de CO_2, il faut que le produit des quatre termes baisse. À l'échelle mondiale, les experts du Groupe Intergouvernemental sur l'Évolution du Climat (GIEC) estiment que, pour limiter le réchauffement climatique à 1,5° les émissions de CO_2 doivent diminuer de 45 % en 2030 par rapport à 2010, et d'au moins 91 % en 2050 [GIEC 2018].

Le premier terme concerne la population. Il y avait 6,9 milliards d'individus sur Terre en 2010, et la population mondiale devrait, d'après l'ONU, atteindre 9,8 milliards d'individus en 2050, soit une multiplication par 1,42.

Le deuxième terme, PIB/Population, reflète la quantité de richesse par personne. Le souhait de l'immense majorité des humains est d'augmenter la quantité de biens et de services auxquels ils peuvent accéder. Faire baisser ce terme revient à faire baisser le pouvoir d'achat. De 2010 à 2018, il a progressé de 1,61 % par an, et beaucoup aimeraient qu'il progresse davantage. À ce rythme, il sera multiplié par 1,9 (+ 90 %) en 2050 par rapport à 2010.

Le troisième terme, Énergie/PIB, représente l'intensité énergétique du PIB. Nous avons vu combien énergie et PIB étaient liés. L'efficacité énergétique, qui permet d'agir sur ce terme en consommant moins à service rendu égal, est primordiale. Heureusement, l'intensité énergétique s'améliore et ce terme diminue. De 2010 à 2018, elle a baissé de 1,26 % par an. À ce rythme, elle sera multipliée par 0,6 en 2050.

Le quatrième terme, CO_2/Énergie, reflète le contenu en gaz à effet de serre de l'énergie. Il peut diminuer si on remplace les énergies fossiles par des énergies non émettrices de gaz à effet de serre, renouvelables et nucléaire, ou plus simplement si on remplace des centrales au charbon par des centrales au gaz, moins polluantes. C'est peut-être ce qui a permis sa légère baisse de 0,45 % par an de 2010 à 2018. À ce rythme, ce terme sera multiplié par 0,84 en 2050.

Multiplions maintenant les quatre projections pour 2050 : $1{,}42 \times 1{,}9 \times 0{,}6 \times 0{,}84 = 1{,}36$, alors qu'il faudrait que ce produit soit inférieur à 0,1 pour limiter le réchauffement climatique à 1,5°, la tendance n'est donc clairement pas bonne ! Pour atteindre cet objectif en 2050 sans changer les deux premiers termes, il faudrait que chacun des deux derniers soit inférieur à 0,2. Il faudrait donc une progression trois à quatre fois plus importante de l'intensité énergétique comme du contenu en gaz à effet de serre de l'énergie. Un défi considérable !

Énergie et emploi

L'apparition des machines énergivores remplaçant les humains a permis des gains de productivité : c'est essentiellement grâce à l'énergie qu'il faut moins de main-d'œuvre pour produire. Les machines énergivores ont permis d'augmenter les quantités produites, et de déplacer la main-d'œuvre des champs vers les usines, puis des usines vers les bureaux, puis… vers le chômage. Et c'est logique : l'énergie nous est précieuse car elle sert à avoir moins de travail.

La consommation d'énergie a largement contribué à faire reculer la pauvreté en améliorant les conditions de vie, et paradoxalement elle a fait grimper le chômage. Les chômeurs ne vivent pas dans le luxe, mais heureusement la majorité des chômeurs des pays riches vit dans un logement décent, mange chaque jour, a accès aux soins médicaux, dispose d'écoles pour les enfants… Les conditions de vie des ouvriers du XIXe siècle n'étaient pas meilleures que celles de la plupart des chômeurs d'aujourd'hui. Le problème du chômage est souvent vu comme le principal problème de nos sociétés riches. Et c'est indéniablement un problème, mais celui de la pauvreté est pire, et il faut prendre garde à ne pas faire baisser le chômage en augmentant la pauvreté. Peut-être que le chômage diminuerait sans l'énergie nécessaire au fonctionnement des engins agricoles et de chantier, car il faudrait faire tout ce travail à la main, mais je ne suis pas sûr que la pauvreté diminuerait. L'accès au logement serait plus complexe, celui à la nourriture également probablement. L'énergie permet de faire travailler des machines à la place des hommes, donc d'avoir moins besoin de main-d'œuvre. Donc l'énergie facilite la vie ; mais sans croissance de l'activité, elle diminue l'emploi.

Je m'interroge quand j'entends dire que telle ou telle énergie est bonne puisqu'elle crée des emplois : en poussant ce raisonnement à l'extrême, on pourrait créer de nombreux emplois en faisant pédaler des humains. Les petits calculs qui précèdent montrent combien cette production d'énergie serait dérisoire par rapport au temps passé. L'intérêt de l'énergie est justement d'avoir moins de travail ! C'est justement pour avoir moins de boulot que, depuis des siècles, les humains ont utilisé l'énergie des bœufs pour tirer la charrue, le vent pour faire avancer les bateaux, le courant des rivières pour moudre le grain… Créer du travail n'est pas une qualité « normale » pour une énergie. Pour faire face au problème du chômage, il faut sans doute davantage chercher du côté du partage des richesses et de l'emploi que dans la croissance verte.

La décroissance

La croissance économique perpétuelle n'étant probablement pas possible, certains aujourd'hui revendiquent la décroissance.

L'économiste Jean Gadrey se définit comme un objecteur de croissance. Dans son ouvrage *Adieu à la croissance* [Gadrey], il explique fort bien que la croissance perpétuelle n'est pas possible, et propose des pistes intéressantes pour vivre sans. Il explique, par exemple, que la création d'emplois est possible dans l'isolation des logements ou dans le basculement de l'agriculture conventionnelle vers le bio. C'est sans doute vrai et souhaitable, mais l'accès à la nourriture et au logement devenant plus complexe, il est à craindre que ces besoins fondamentaux soient moins satisfaits dans le futur.

Dans le même état d'esprit, Tim Jackson, spécialiste en développement durable, a écrit *Prospérité sans croissance. La transition vers une économie durable* [Jackson]. Il y explique que, jusqu'ici, la croissance économique n'a jamais été découplée des flux physiques, qu'il n'y a aucune perspective pour que ce découplage se produise dans un futur immédiat, que « **l'échelle même du découplage requis… défie l'imagination** », que ce découplage est un mythe. Il explique qu'une économie basée sur la vente de services non matériels (clubs de sport, services d'entretien et de réparation, activités artistiques, location de biens…) ne peut pas générer une production économique en croissance permanente, et que « lorsque les impacts imputables à ces activités sont intégralement pris en compte, bon nombre d'entre elles s'avèrent au moins aussi voraces en ressources que les secteurs manufacturiers ». Il suggère, à juste titre, d'investir dans l'efficacité énergétique, le recyclage, les technologies sobres en carbone, la réduction des déchets, la reforestation… mais précise qu'**il n'existe « aucun cadre macroéconomique cohérent orienté vers la durabilité** ». Des pistes sont évoquées, mais il n'y a pas dans cet ouvrage comme dans le précédent de modèle montrant clairement comment devrait fonctionner une société en décroissance. Je suis resté sur ma faim et je ne sais toujours pas comment un dirigeant devrait financer les services publics, la santé et les retraites dans ce monde. Il n'y a pas à ma connaissance de modèle économique permettant de gérer une société en décroissance.

L'ancien Premier ministre Michel Rocard affirmait en mai 2015 au journal *La Tribune* : « Nous sommes dans une situation d'aggravation extrême des inégalités. La pauvreté baisse dans le monde, en raison de l'émergence de nombreux pays, mais elle augmente chez nous un peu en moyenne, et surtout s'exacerbe beaucoup pour certains. Mon intuition, c'est que **la décroissance commencerait par intensifier ces**

inégalités, et nous conduirait tout droit à quelque chose ressemblant à une guerre civile. Je ne comprends pas comment certaines personnes intelligentes, ayant une sensibilité écologique, n'ont pas intégré cela. La décroissance, ou bien on la subit, et c'est une catastrophe, ou on la provoque, et c'est pire. C'est donc exclu. Pour des raisons d'ordre public. »

J'ai l'impression que ceux qui ne craignent pas la décroissance sont souvent des gens qui considèrent que le monde d'aujourd'hui n'est pas bon, que « c'était mieux avant », que la technologie et la consommation d'énergie ont avant tout apporté des problèmes, de la pollution, des maladies et la destruction de la planète… On craint moins le « retour en arrière » si on pense que c'était mieux avant. Je ne suis pas de cet avis : les connaissances scientifiques, les technologies, le progrès ont, bien sûr, leurs inconvénients. Les innovations nécessitent des réflexions et des adaptations de la société. Mais je pense que les technologies énergivores ont, jusqu'ici, largement contribué à l'amélioration du bien-être humain et je crains que la décroissance, même si elle est peut-être inévitable, ne soit pas une perspective réjouissante.

4 Pollutions, dangers et problèmes des différentes sources d'énergie

Toutes les sources d'énergie ont leurs inconvénients, l'énergie propre n'existe pas. En effet, toute construction humaine a un impact environnemental, utilise de l'espace, des ressources naturelles, et contribue à diverses pollutions. La seule énergie propre est celle qu'on ne consomme pas.

Le réchauffement climatique

Tout le monde a sans doute maintenant entendu parler du réchauffement climatique. Ce phénomène est indéniable, il suffit d'aller se promener en montagne et de comparer la situation actuelle des glaciers à celle que l'on voit sur quelques vieilles photos pour constater un recul spectaculaire. Évidemment, cela ne prouve pas que ce réchauffement soit d'origine humaine, créé ou amplifié par les émissions de gaz à effet de serre liées aux activités humaines, le CO_2 (ou dioxyde de carbone) en particulier dégagé lors de la combustion du charbon, du pétrole et du gaz.

L'écrasante majorité des scientifiques qui se penchent sur ces questions estime que les activités humaines sont largement responsables du réchauffement. Le CO_2 augmente l'effet de serre qui freine le rayonnement infrarouge de la Terre et la diffusion de la chaleur vers l'espace. L'énergie solaire reçue par la Terre est donc davantage piégée à cause du CO_2.

Les énergies fossiles proviennent des plantes qui ont stocké lentement le carbone présent dans l'atmosphère pendant des millions d'années sous l'effet de l'énergie solaire et de la photosynthèse. Au début du XIXe siècle, les humains se sont mis à brûler le charbon, le gaz et le pétrole, et ont ainsi libéré dans l'atmosphère en deux cents ans *grosso modo* la moitié du carbone qui avait mis des millions d'années à se stocker. Deux cents années par rapport à des millions, ça signifie d'un seul coup et il ne me paraît pas du tout idiot de penser que cela puisse avoir des conséquences.

Pendant longtemps, les émissions dues à la déforestation étaient dominantes parmi les émissions de CO_2 (les arbres libèrent en brûlant le carbone qu'ils ont stocké en poussant). Depuis le milieu du XXe siècle, les émissions dues au charbon, pétrole et gaz ont largement dépassé celles liées à la déforestation. Aujourd'hui, elles représentent facilement dix fois plus.

Les conséquences potentielles du réchauffement climatique sont énormes et peu réjouissantes : baisse des rendements agricoles, diminution des ressources en eau dans la plupart des régions sèches, diminution du débit des sources d'eau issues de la fonte des glaces et des neiges, augmentation des phénomènes météorologiques extrêmes (pluies torrentielles, tempêtes et sécheresses), augmentation des feux de forêt, extension des zones infestées par des maladies comme le choléra ou le paludisme, risques d'inondation accrus, élévation du niveau de la mer…

Le CO_2 n'est pas le seul gaz à effet de serre. Le méthane issu en particulier de l'agriculture, le protoxyde d'azote issu de l'agriculture et de l'industrie, et d'autres gaz, contribuent également au réchauffement climatique. On comptabilise généralement toutes les émissions en « équivalent CO_2 ». Au niveau mondial, environ 85 % des émissions de gaz à effet de serre anthropiques proviennent du secteur de l'énergie. Au niveau français, ce pourcentage n'est que de 70 % [Datalab climat], sans doute en raison d'émissions faibles pour la production d'électricité. La figure 26 montre l'origine des émissions mondiales de CO_2 dues à l'énergie pour le monde et la France. Dans le monde c'est la production d'énergie (essentiellement d'électricité pour 39 %) qui est

Figure 26 Émissions de CO_2 dues à l'énergie par secteur.

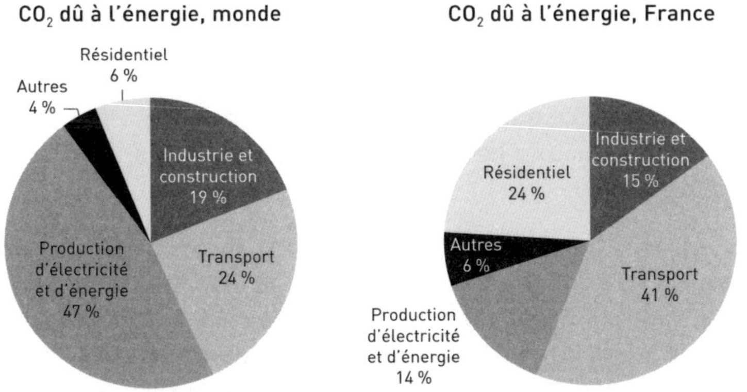

Sources : AIE 2017 (chiffres 2015)/ Agence Européenne de l'Environnement 2018/ Commissariat général au développement durable [Datalab climat].

la première cause d'émissions de CO_2. Rien de surprenant puisque la première source d'énergie au monde pour la production d'électricité est la plus émettrice, le charbon. Il faut donc s'y attaquer et remplacer le charbon dans la production d'électricité par des sources moins émettrices. En France, l'électricité étant essentiellement produite avec du nucléaire et de l'hydraulique, sources très peu émettrices de gaz à effet de serre, c'est le secteur des transports qui est la première cause d'émissions (dont plus de la moitié concerne les véhicules des particuliers). Qu'a-t-on fait en France depuis 20 ans pour lutter contre le réchauffement climatique ? Au lieu de s'attaquer aux transports et d'isoler massivement les bâtiments, on a largement installé des éoliennes et panneaux photovoltaïques afin de remplacer une électricité qui était déjà largement décarbonée. Dans ces conditions il ne faut pas s'étonner que les émissions françaises diminuent peu ! Dans son premier rapport publié en juin 2019 [HCC], le Haut Conseil pour le Climat, organisme chargé d'émettre des avis et recommandations sur la réduction des émissions de gaz à effet de serre en France, écrivait « la réduction réelle des émissions de gaz à effet de serre de 1,1 % par an en moyenne pour la période récente, est quasiment deux fois trop lente par rapport au rythme nécessaire pour la réalisation des objectifs », « la plupart des mesures actuelles ne portent que sur une réduction marginale des émissions ». Ce rapport soulignait la nécessité de s'attaquer aux transports (donc au pétrole) et au chauffage (essentiellement du gaz). Selon les chiffres de cette instance, la première chose à faire pour diminuer les émissions du territoire français est de s'attaquer à la voiture, ce qui est beaucoup moins populaire que d'inciter à la pose de panneaux photovoltaïques rapportant de l'argent à leurs propriétaires.

La figure 27 montre l'évolution des émissions de CO_2 du monde et des principales zones émettrices : Asie et Pacifique, Amérique du Nord, Europe et Eurasie, Moyen-Orient. On constate que les émissions mondiales augmentent. La crise de 2008 a permis une légère baisse, suivie d'une belle reprise. Or, d'après le Groupe d'experts intergouvernemental sur l'évolution du climat (GIEC), il faudrait, pour maintenir la hausse des températures à 1,5 °C, diminuer de 45 % les émissions de gaz à effet de serre en 2030 par rapport à 2010. On en est loin !

Figure 27 Évolution des émissions de CO_2 (en millions de tonnes) de 1965 à 2018.

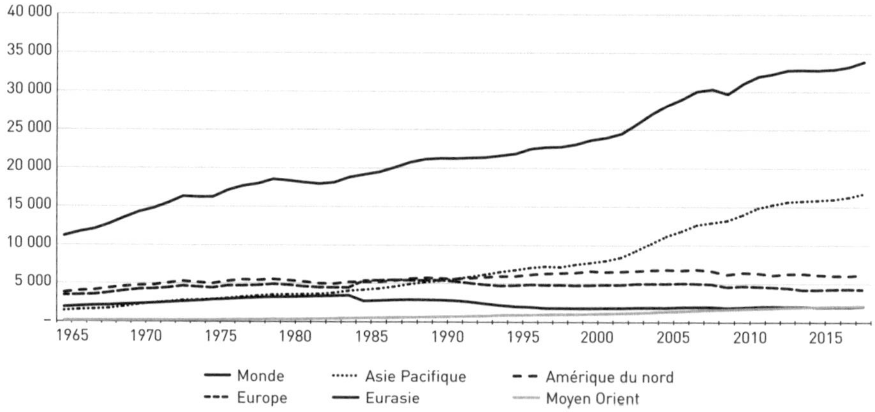

Source : *BP statistical review of world energy 2019* [BP].

Ce sont les pays asiatiques qui accroissent le plus leurs émissions tandis que celles d'Amérique du Nord et d'Europe sont à peu près stables, des allures semblables à celles de la consommation d'énergie.

Rien de surprenant, puisqu'on a ouvert une centrale au charbon en Chine chaque semaine de 2005 à 2014. Mais il serait incongru d'en rejeter la responsabilité sur les pays asiatiques : leurs émissions sont largement dues aux produits que nous leur achetons. Le Haut Conseil pour le Climat affirmait en juin 2019 concernant les gaz à effet de serre de la France que « les émissions nettes importées représentent 60 % des émissions nationales en 2015 » [HCC]. Autrement dit, nos émissions de gaz à effet de serre réelles sont à multiplier par 1,6 par rapport aux émissions du territoire.

De plus, il paraît nécessaire pour être juste de comparer les émissions par personne. C'est ce qui est fait figure 28 : les émissions de la Chine, pays qui génère pourtant plus de 27 % des émissions mondiales, représentent en fait, par personne, bien moins que celles des Américains. Les plus gros émetteurs par personne sont des pays producteurs de pétrole. On constate que la France ne s'en sort pas si mal, polluant bien moins que l'Allemagne, qui est pourtant régulièrement montrée en exemple de l'écologie : en 2018, un Allemand moyen a émis 1,88 fois plus de CO_2 qu'un Français moyen.

Figure 28 Émissions de CO_2 par personne, en 2018, des pays responsables de plus de 0,8 % des émissions de CO_2, en tonnes de CO_2 par personne.

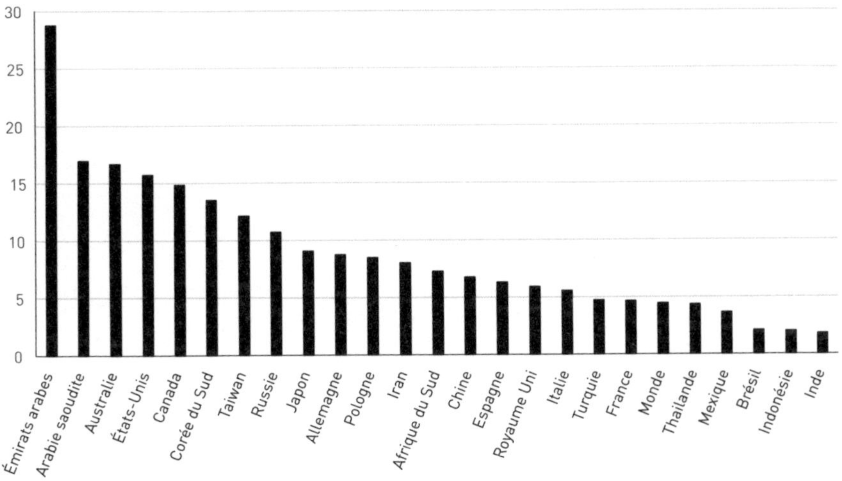

Source : *BP statistical review of world energy 2019*/Banque mondiale.

Une polémique récurrente porte sur l'évolution des émissions de CO_2 de l'Allemagne, qui est parfois accusée de compenser sa progressive sortie du nucléaire par des centrales très polluantes au charbon. La figure 29 montre l'évolution des émissions de CO_2 de l'Allemagne et de la France depuis 1965. On voit que les émissions françaises ont diminué avec la mise en service du parc électronucléaire à partir de la fin des années 1970. On constate que les émissions allemandes ont baissé dans les décennies 1990 et 2000, et qu'elles se sont stabilisées après 2011 avec la fermeture d'une partie du parc nucléaire. Sur les quinze dernières années la diminution a été plus importante en France (– 16 % en France de 2003 à 2018, – 10 % en Allemagne). Les émissions allemandes ont davantage diminué en 2017 et 2018, probablement en partie grâce aux nombreuses éoliennes qui permettent de moins faire fonctionner les centrales à charbon ; il est plus facile de progresser quand on part de plus loin… Toutefois la tendance à long terme n'est pas nette : les émissions de CO_2 avaient augmenté dans les deux pays en 2015 et 2016. Il semble que les énergies renouvelables allemandes aient aidé depuis 2011 à faire baisser la production d'électricité nucléaire, davantage que les émissions de CO_2. Un choix discutable.

Figure 29 Évolution des émissions de CO_2 de l'Allemagne et de la France de 1965 à 2018.

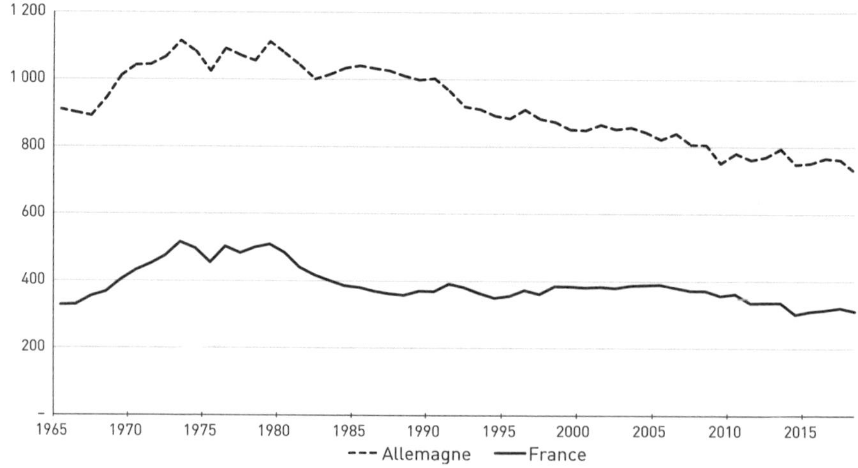

Source : *BP statistical review of world energy 2019* [BP].

L'Allemagne a annoncé en 2019 qu'elle cesserait d'utiliser du charbon en 2038 et totalement le nucléaire en 2022, nous verrons pourquoi l'inverse aurait été préférable.

Attention à ne pas se réjouir trop vite des baisses d'émissions que l'on peut constater sur ces courbes : elles sont largement dues à la désindustrialisation qui touche les pays riches; l'empreinte carbone, qui tient compte des émissions indirectes dues à la fabrication et au transport des produits que nous importons, a augmenté en France de 54 % entre 1990 et 2012 [Empreinte]. D'après l'Insee, l'empreinte carbone d'un Français moyen a légèrement augmenté de 2014 à 2017.

Une possibilité envisagée pour diminuer la quantité de CO_2 dans l'atmosphère est de le stocker sous terre, la technologie s'appelle CSC : Captage et Stockage du Carbone. Au niveau des centrales électriques à charbon par exemple, on peut capturer le CO_2 et l'injecter dans des couches géologiques profondes. Les sites potentiels les plus courants sont les aquifères salins (des roches poreuses), les gisements épuisés de pétrole et de gaz et les veines de charbon non exploitées. Bien sûr la capture n'est jamais complète, et surtout elle consomme de l'énergie !

En 2019 il n'y a que 18 sites de CSC en fonctionnement dans le monde. De plus ils concernent essentiellement des puits d'extraction de gaz naturel (du méthane). Celui-ci y est mélangé à du CO_2, il faut dans ces exploitations absolument séparer ce dernier pour que le méthane soit utilisable. Le stockage relève donc dans ces cas de la nécessité économique et non d'une démarche environnementale.

Le GIEC explique que des centrales électriques équipées de systèmes de stockage « n'apparaîtront sur le marché qu'à condition qu'une réglementation incitative soit mise en place ou qu'elles deviennent compétitives vis-à-vis d'unités de production non équipées, ce qui serait le cas par exemple si les coûts d'investissement et de fonctionnement supplémentaires pouvaient être compensés par un prix suffisamment élevé du carbone (ou directement par des aides financières) » [GIEC 2014 GT III]. Il faudrait donc une importante taxe carbone mondiale, renchérissant le prix de l'énergie fossile, pour que la technologie CSC se déploie.

Selon l'Agence Internationale de l'Énergie, même si la part des énergies fossiles dans la consommation primaire passait de 81 % à

60 %, la lutte contre le réchauffement nécessiterait de multiplier par 77 la quantité de CO_2 stockée chaque année ! [SPS 329]. Il faudrait pour cela trouver suffisamment de sites géographiques adaptés, évaluer les capacités de stockage, les faire accepter par le voisinage, y transporter le carbone, gérer les fuites, trouver des financements… Le géologue Bernard Durand affirmait en 2011 : « la nécessité de disposer de stockages souterrains d'une sûreté indiscutable et n'interférant pas avec d'autres activités est d'un point de vue physique le principal goulot d'étranglement. Si les volumes théoriquement disponibles sont probablement suffisants, il est loin d'être acquis que l'on pourra définir des volumes de stockages sûrs à un rythme suffisant. ».

Il me parait donc clair qu'on ne peut pas beaucoup compter sur cette technologie CSC pour limiter le réchauffement climatique.

Les dangers des énergies fossiles et du bois

• Le gaz naturel est composé à 95 % de méthane (CH_4). Sa combustion émet du CO_2 (donc participe au réchauffement climatique), des particules fines, des oxydes d'azote, du monoxyde de carbone, des oxydes de soufre… Ces substances sont, bien sûr, néfastes pour la santé. Le gaz peut aussi provoquer des incendies, des explosions, des asphyxies en cas de fuites… Les fuites de méthane participent au réchauffement climatique, car le méthane est un puissant gaz à effet de serre. L'exploitation des gaz non conventionnels (gaz de schiste, par exemple) est un facteur de pollution de l'eau et occasionne beaucoup plus de fuites de méthane que les gaz conventionnels. Le gaz naturel n'est pas la plus dangereuse des énergies fossiles, mais il est loin d'être inoffensif. Sa consommation mondiale a pourtant augmenté de 19 % entre 2011 et 2018 (figure 30).

• Le pétrole émet du CO_2 en brûlant (donc participe au réchauffement climatique), des particules fines, des oxydes d'azote, du monoxyde de carbone, du benzène, du dioxyde de soufre (responsable de pluies acides)… Il entraîne des marées noires, des dégazages de navires pétroliers en mer, des incendies, des explosions, des fuites de gaz à effet de serre lors de son extraction. L'exploitation des pétroles

Figure 30 Évolution de la consommation mondiale de gaz naturel de 1965 à 2018, en millions de tonnes équivalent pétrole.

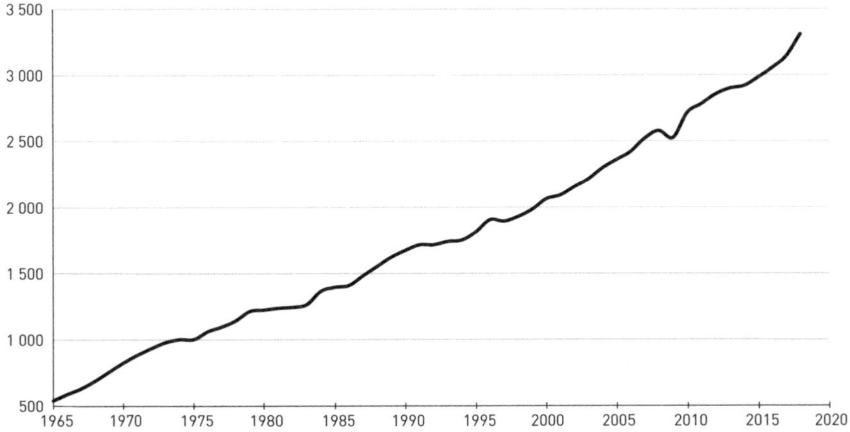

Source : *BP statistical review of world energy 2019.*

non conventionnels (pétrole de schiste, sables bitumineux) pollue l'eau et consomme beaucoup… de pétrole (environ un baril consommé pour trois ou quatre extraits). La consommation mondiale de pétrole a augmenté de 10 % entre 2011 et 2018 (figure 24).

• La combustion du charbon entraîne des émissions de CO_2 (il participe gravement au réchauffement climatique), des particules fines, du dioxyde de soufre, de l'oxyde d'azote, du monoxyde de carbone, de l'arsenic (!), du fluor (à faible dose, c'est bon pour les dents, mais c'est un poison), du thallium, du sélénium, du plomb (très nocif), du cadmium, du mercure et même de la radioactivité ! L'extraction du charbon provoquerait des milliers de morts par an par accidents dans les mines de charbon, la silicose et autres maladies des mineurs. L'extraction du charbon peut libérer du méthane, qui amplifie le réchauffement climatique.

En Allemagne, pour exploiter les mines de charbon à ciel ouvert sur une surface de plus de 500 km^2, il a fallu raser près de soixante villages et déplacer au moins 10 000 personnes [CEW].

Sur le site internet européen « Euractiv », on peut lire que « dans l'Union européenne, plus de 18 000 personnes meurent chaque année des effets de la pollution de l'air causée par la production de charbon et les centrales à charbon, selon l'ONG Alliance pour la santé et l'environnement, citée dans l'*Atlas du charbon 2015* ».

Le rapport « Europe's Dark Cloud » [EDK] publié en juin 2016 par le WWF, l'Alliance pour la santé et environnement (HEAL), le réseau Action climat Europe et l'organisation Sandbag, estime que **les centrales au charbon européennes causent près de 23 000 décès prématurés chaque année** ! Les estimations des épidémiologistes montrent une forte incidence des particules fines, oxydes d'azote et dioxydes de soufre sur les accidents vasculaires cérébraux, les maladies cardiaques, les cancers, les maladies du poumon… Les centrales françaises entraîneraient 390 décès par an, les britanniques 2 860, les allemandes 4 350, les polonaises 5 830. En France, 1 380 personnes meurent chaque année à cause de la pollution du charbon, essentiellement en provenance d'Allemagne, de Grande-Bretagne, de Pologne et d'Espagne.

D'après une étude publiée par le Natural Resources Defense Council, une ONG américaine, **670 000 personnes sont mortes en 2012 à cause de la pollution générée par la combustion de charbon rien qu'en Chine** !

Le charbon est clairement la plus nocive des énergies fossiles. C'est pourtant la première source d'énergie au monde pour la production d'électricité ; sa consommation a beaucoup augmenté dans les années 2000 et ses réserves sont les plus importantes. Le charbon n'est malheureusement pas une énergie du passé. Sa consommation annuelle mondiale a augmenté jusqu'en 2014 ; elle a semblé commencer à baisser pour repartir à la hausse en 2017 et 2018 (figure 31).

• Le bois est la quatrième source d'énergie au monde. Il est renouvelable, et présente un bilan carbone presque neutre, à condition de laisser repousser les arbres à la même vitesse qu'on les coupe : les arbres stockent le carbone en poussant et le libèrent en brûlant. À l'échelle mondiale, le bilan est négatif, puisque la déforestation participe au réchauffement climatique. Sans replantation, le chauffage au bois est plus émetteur de CO_2 que le charbon.

Outre le CO_2, la combustion du bois émet du monoxyde de carbone, des particules fines, des oxydes d'azote, du benzène, des composés organiques volatiles…

Figure 31 Évolution de la consommation mondiale de charbon de 1965 à 2018, en millions de tonnes d'équivalent pétrole.

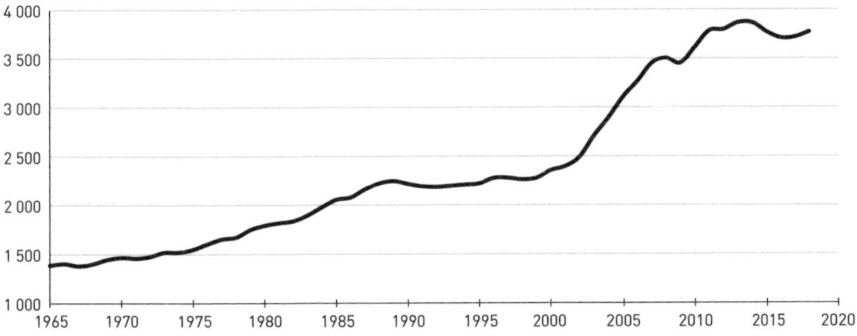

Source : *BP statistical review of world energy 2018.*

D'après l'Ademe (Agence de l'environnement et de la maîtrise de l'énergie), les particules fines émises par le bois peuvent accroître la morbidité cardio-respiratoire, l'asthme, les maladies cardio-vasculaires, le cancer du poumon, les broncho-pneumopathies chroniques, l'athérosclérose, les perturbations des naissances et les maladies respiratoires chez l'enfant. Certes, on peut largement faire baisser ces émissions en utilisant des appareils récents, mais pas les annuler.

L'association Airparif, qui surveille la qualité de l'air en Île-de-France, affirme sur son site internet que « la consommation du bois de chauffage contribue à hauteur de 88 % aux émissions de particules fines du secteur résidentiel alors qu'il ne couvre que 5 % des besoins d'énergie pour le chauffage ».

Il a même été question, fin 2014, d'interdire les feux de cheminée à foyer ouvert en Île-de-France, le bois étant soupçonné de contribuer autant que le trafic routier à l'émission de certaines particules fines. Le maire de San Vitaliano, près de Naples, aurait même imposé fin 2015 des filtres destinés à faire baisser les émissions de particules fines des fours à pizza !

D'après l'Agence Européenne de l'Environnement et l'Organisation Mondiale de la Santé, la pollution atmosphérique entraine plusieurs dizaines de milliers de décès prématurés en France chaque année, plusieurs centaines de milliers en Europe, plusieurs millions dans le monde ! Cette pollution est largement due aux particules fines et dioxydes d'azote libérés par la combustion des énergies fossiles et du bois. On peut lire dans une étude parue dans la revue scientifique European Heart Journal en 2019 « les calculs indiquent qu'en Europe, un taux de surmortalité de 434 000 par an pourrait être évité en éliminant les émissions liées aux combustibles fossiles » [EHJ].

Les dangers du nucléaire

Les dangers de cette source d'énergie sont généralement plus connus du grand public que ceux des autres énergies.

L'industrie nucléaire génère des déchets dangereux durant des milliers d'années.

Le risque de catastrophe nucléaire existe. Tchernobyl et Fukushima ont marqué les esprits.

Le démantèlement des centrales nucléaires est complexe.

Le fonctionnement des centrales nucléaires a un impact sur les écosystèmes, puisqu'elles rejettent de l'eau chaude et contribuent donc à réchauffer les eaux de certaines rivières ou de la mer. Il faut signaler à ce propos que les centrales rejettent 98 % de l'eau qu'elles prélèvent. En cas de canicule, c'est pour des raisons environnementales et non de sécurité qu'il arrive qu'on arrête des réacteurs qui rejettent une eau trop chaude.

Les centrales nucléaires émettent quelques déchets radioactifs sous forme liquide ou gazeuse, dans des limites très réglementées. Quelques rejets chimiques peuvent également se produire : du sodium, des chlorures et des sulfates.

L'extraction de l'uranium peut provoquer des accidents, comme toute activité minière.

L'énergie nucléaire peut être utile pour fabriquer des bombes nucléaires.

La figure 32 montre l'évolution mondiale de la consommation d'énergie nucléaire de 1965 à 2018. On voit nettement une baisse après la catastrophe de Fukushima, suivie d'une reprise. Selon l'Agence internationale de l'énergie, afin de limiter les émissions de CO_2, la capacité mondiale d'électricité nucléaire devrait croître de 60 % dans le monde entre 2013 et 2040 (en Chine et en Russie particulièrement).

Figure 32 Évolution de la consommation mondiale d'énergie nucléaire de 1965 à 2018, en TWh.

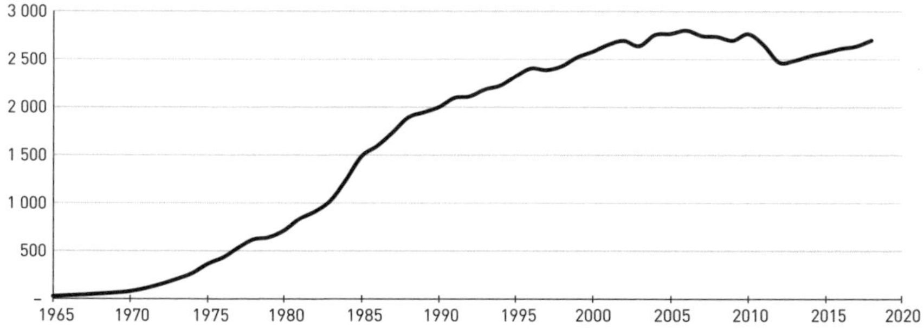

Source : *BP statistical review of world energy 2019.*

Les dangers des autres énergies renouvelables

• La construction de barrages hydroélectriques modifie les écosystèmes, est responsable d'émissions de gaz à effet de serre à cause de la décomposition des végétaux submergés, nécessite souvent d'évacuer des populations.

Le barrage des Trois Gorges en Chine (185 m de hauteur pour 2 km de long, puissance de 22 500 MW, soit l'équivalent d'environ vingt-deux réacteurs nucléaires !) a nécessité le déplacement de 1,8 million de personnes ! En France, la construction de barrages comme celui de Tignes ou de Serre-Ponçon a été humainement très dure ; il a fallu évacuer des villages par la force.

Le risque de rupture existe. C'est arrivé de nombreuses fois, par exemple :

- rupture du barrage de Malpasset, 1959, France, 423 morts ;
- rupture du barrage de Vajont, Longarone, 1963, Italie, 1 900 morts ;
- rupture du barrage Macchu-2 près de Morvi, Inde, 1979, entre 2 000 et 15 000 morts ;

- rupture du barrage de Banqiao, Chine, 1975, au moins 100 000 morts;
- rupture du barrage de Saddle Dam D, Laos, juillet 2018, plusieurs dizaines de morts.

• Les éoliennes ont un impact visuel et sonore qui déplaît; elles sont néfastes à certains oiseaux et certaines chauves-souris. Comme toute construction humaine, la fabrication, l'installation et la maintenance des éoliennes comme des panneaux solaires nécessitent de l'énergie, des matériaux, et produisent des déchets. Les éoliennes utilisent souvent des aimants en terre rare dont l'extraction est polluante; les panneaux photovoltaïques nécessitent du plomb, du cadmium, du brome. Ces inconvénients peuvent paraître faibles à côté de ceux des autres sources d'énergie. Mais les éoliennes et les panneaux solaires fournissent une énergie variant selon la météo et servent généralement à produire de l'électricité qu'on sait difficilement stocker. Il faudrait donc, pour être juste, considérer les dangers des moyens de production d'électricité à placer parallèlement, et/ou les installations de stockage à y associer. Or le stockage de l'énergie par batterie, STEP, ou production de gaz de synthèse, est toujours complexe et potentiellement dangereux.

Le solaire est forcément très consommateur de surfaces, et il ne faudrait pas que des champs de panneaux solaires viennent remplacer trop souvent les cultures, les pâturages, voire les forêts. Des projets de méga-centrales solaires voient le jour comme « Solarzac » qui devrait recouvrir de panneaux photovoltaïques 400 hectares de terre du Larzac. Le projet suscite en 2019 une vive opposition de la part des habitants, chasseurs, agriculteurs et défenseurs de l'environnement qui craignent l'artificialisation des sols, l'impact sur les oiseaux, la consommation d'eau…

De plus, si une éolienne ou un panneau photovoltaïque peuvent sembler bien inoffensifs à côté d'une centrale au charbon ou nucléaire, il faut ramener le danger à la quantité d'énergie générée.

• La géothermie exploite la chaleur du sous-sol, donc l'énergie contenue dans le centre de la Terre. Celle-ci est d'autant plus importante que l'on descend profondément. La géothermie profonde nécessite des forages complexes ; ses inconvénients sont parfois comparés à ceux de la fracturation hydraulique (activité microsismique, incidence sur les nappes phréatiques).

• Les agrocarburants, qui exploitent les cultures agricoles (bois, colza, canne à sucre...) pour les transformer en carburants, nécessitent de grandes surfaces, représentent, bien sûr, une concurrence pour l'alimentation, peuvent encourager la déforestation et diverses pollutions agricoles.

• Les énergies marines qui exploitent, par exemple, la houle, les courants marins ou les marées, nécessitent de placer en mer des infrastructures importantes qui sont, bien sûr, susceptibles de perturber les écosystèmes. Les pêcheurs voient d'un mauvais œil l'arrivée d'éoliennes off-shore sur leurs zones de pêche. Les hydroliennes (qui sont en quelque sorte des éoliennes sous-marines actionnées par les courants marins) créent des zones de turbulences qui peuvent nuire à la sédimentation, aux animaux marins et aux végétaux. Les centrales marémotrices modifient les écosystèmes des estuaires.

La comparaison des dangers des différentes sources d'énergie n'est pas facile, car les problèmes posés ne sont pas toujours les mêmes. En tout état de cause, il me paraît nécessaire de ramener les dangers et les inconvénients à la quantité d'énergie produite.

5 Comparaison des dangers et problèmes des sources d'énergie

Plusieurs études ont tenté de comparer les dangers des différentes sources d'énergie permettant la production d'électricité. Voici les résultats de quelques-unes.

Chiffres du Groupe d'experts intergouvernemental sur l'évolution du climat [GIEC-III]

Le Groupe d'experts intergouvernemental sur l'évolution du climat s'est bien entendu penché sur la question des émissions de Gaz à Effet de Serre des différents moyens de production d'électricité. Dans l'annexe III de son dernier rapport [GIEC-III], il donne les chiffres de la figure 33.

Sans surprise le charbon, source d'énergie la plus utilisée dans le monde pour produire l'électricité, est aussi la source émettant le plus de gaz à effet de serre. Le gaz, en forte croissance ces dernières années, fait un peu mieux mais ses émissions restent énormes par rapport aux technologies renouvelables et nucléaire. Ces technologies n'émettent pas de gaz à effet de serre en fonctionnant, mais il faut prendre en compte leur fabrication, maintenance, fin de vie… Le nucléaire est au même niveau que l'éolien, et trois à quatre fois moins émetteur que le photovoltaïque. Et encore, les technologies récentes d'enrichissement de l'uranium, désormais utilisées en France, permettent un nucléaire moitié moins émetteur à 6 g de CO_2 par kWh. De plus il ne faut pas

Figure 33 Émissions de Gaz à Effet de Serre selon la production d'électricité, valeurs médianes en gCO_2eq/kWh.

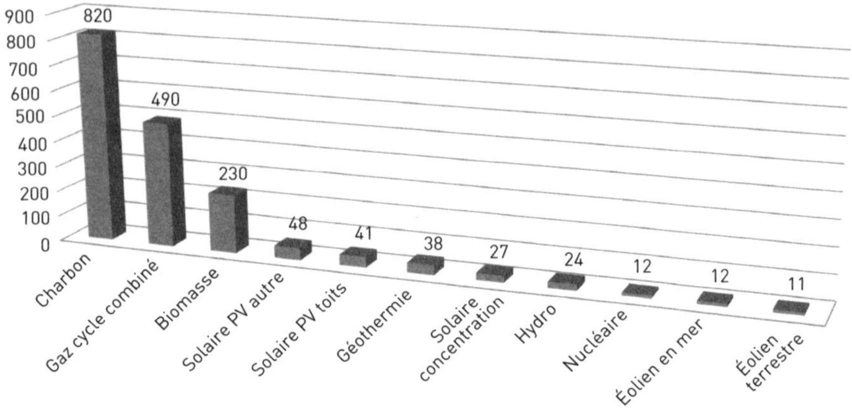

Source : d'après « Technology-specific Cost and Performance Parameters », Annexe III du 5e rapport du GIEC-IPCC, 2014.

oublier que l'éolien et le solaire ne produisent que lorsque vent/soleil sont présents, donc ont besoin de centrales pilotables en parallèle ou de lourds systèmes de stockage d'énergie dont l'impact n'est pas pris en compte ici. Le nucléaire, lui, est pilotable et permet d'adapter la production à la demande sans avoir besoin d'autres systèmes. On remarque également la médiocre performance de la biomasse alors que des centrales au bois se développent.

Il y a de quoi s'arracher les cheveux en constatant dans un sondage paru en 2019 que la majorité des Français (69 %) pense que le nucléaire contribue au réchauffement climatique ! **Les sources d'énergie participant le moins au réchauffement climatique sont donc l'éolien et le nucléaire.**

Étude de Franz H. Koch, *Hydropower-Internalized Costs and Externalized Benefits* [Koch]

Cette étude réalisée par Franz H. Koch de l'Agence internationale de l'énergie présente les résultats de l'analyse du cycle de vie de la

Figure 34 Émissions de dioxyde de soufre générées pour la production d'un kWh d'électricité, en mg par kWh.

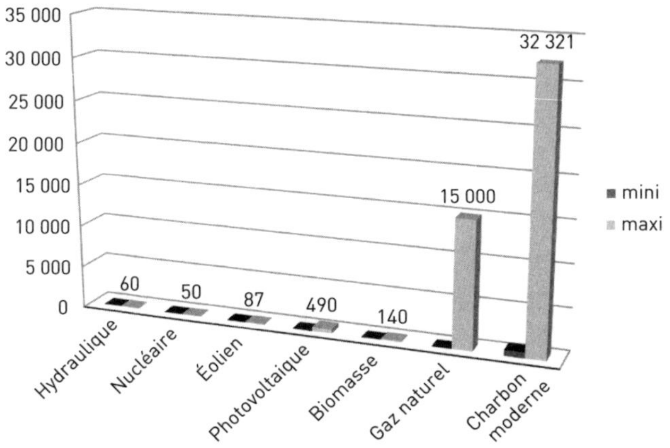

Source : d'après *Hydropower-Internalized Costs and Externalized Benefits*, Frans H. Koch, International Energy Agency – Implementing Agreement for Hydropower Technologies and Programs, Ottawa, Canada, 2000 [Koch].

production d'un kWh d'électricité. L'analyse du cycle de vie est une discipline assez récente qui tente d'évaluer les impacts environnementaux depuis l'extraction des matières premières jusqu'aux déchets produits. L'étude présentée ici s'intéresse aux impacts sur les particules fines, de dioxyde de soufre, d'oxydes d'azote et de composés organiques volatils. Évidemment, ces choix sont contestables, d'autres critères auraient pu être pris en compte.

Sur la figure 34 apparaissent les émissions de dioxyde de soufre : le charbon et le gaz sont clairement les plus polluants. Comme plusieurs procédés existent et qu'il peut y avoir des marges d'erreur, on trouve des émissions minimales et maximales. Le photovoltaïque est loin d'être le plus inoffensif. **Hydraulique, nucléaire et éolien sont les moins impactants.**

Sur la figure 35, le charbon est le champion des émissions de particules fines, suivi cette fois par le bois, le photovoltaïque étant le troisième mode de production le plus polluant. **Le nucléaire serait**

cette fois l'énergie la moins émettrice, suivi de près par l'hydraulique, puis l'éolien. Le photovoltaïque serait sur ce critère plus polluant que le gaz. On remarque également la relative nocivité du bois.

Figure 35 Émissions de particules fines générées pour la production d'un kWh d'électricité, en mg par kWh.

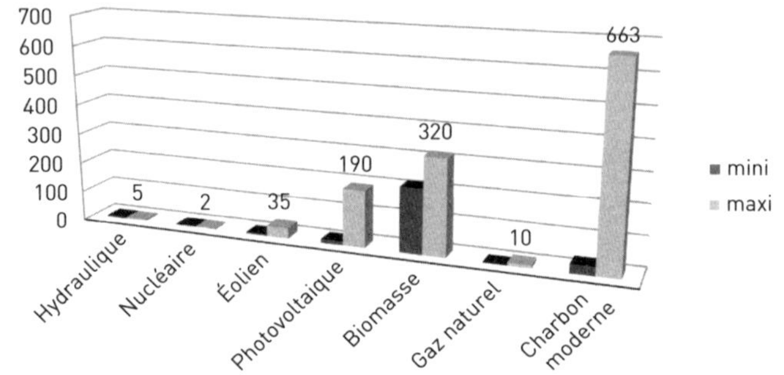

Source : d'après *Hydropower-Internalized Costs and Externalized Benefits*, Frans H. Koch, International Energy Agency – Implementing Agreement for Hydropower Technologies and Programs, Ottawa, Canada, 2000 [Koch].

Les conclusions de l'examen des figures 36 et 37 montrent toujours que **les énergies hydraulique, nucléaire et éolienne sont les moins**

Figure 36 Émissions d'oxyde d'azote générées pour la production d'un kWh d'électricité, en mg par kWh.

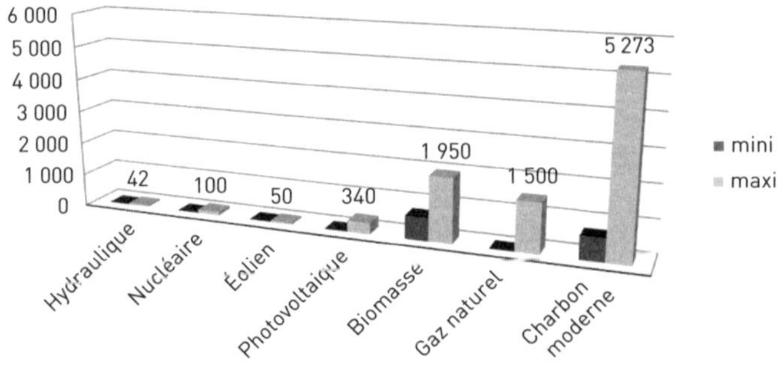

Source : d'après *Hydropower-Internalized Costs and Externalized Benefits*, Frans H. Koch, International Energy Agency – Implementing Agreement for Hydropower Technologies and Programs, Ottawa, Canada, 2000 [Koch].

polluantes concernant les émissions d'oxyde d'azote et de composés organiques volatils. La combustion du bois apparaît, figure 36, plus polluante que la consommation de gaz. La figure 37 concerne les émissions de composés organiques volatils ; les plus mauvais sont le gaz et le photovoltaïque.

Figure 37 Émissions de composés organiques non volatils générées pour la production d'un kWh d'électricité, en mg par kWh.

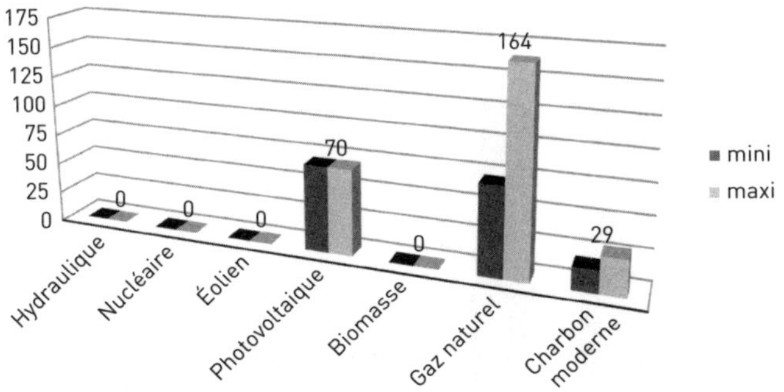

Source : d'après *Hydropower-Internalized Costs and Externalized Benefits*, Frans H. Koch, International Energy Agency – Implementing Agreement for Hydropower Technologies and Programs, Ottawa, Canada, 2000 [Koch].

Étude d'Anil Markandya et Paul Wilkinson, *Electricity generation and health* [Markandya Wilkinson]

The Lancet, dans laquelle a été publiée cette étude, est une revue scientifique médicale britannique très reconnue dans la communauté scientifique. Anil Markandya est directeur scientifique au Basque Centre for Climate Change de Bilbao ; ses travaux concernent le changement climatique, les ressources, l'environnement et l'économie. Paul Wilkinson est professeur en épidémiologie environnementale à la London School of Hygiene & Tropical Medicine, spécialisé dans les effets du changement climatique et de la pollution sur la santé.

D'après cette étude, **la source d'énergie qui a le moins d'impact sur les émissions de CO_2 est le nucléaire, devant l'hydroélectricité,**

le vent, le solaire et la biomasse, loin devant le gaz, le pétrole et le charbon.

Les auteurs se sont également intéressés aux morts par accident, aux maladies graves liées à la pollution et aux accidents des différentes sources d'énergie; la mortalité a été rapportée à la quantité produite. Les résultats apparaissent sur les figures 38 à 40. Le lignite, qui est une

Figure 38 Morts par accident pour 100 TWh d'électricité produite en Europe.

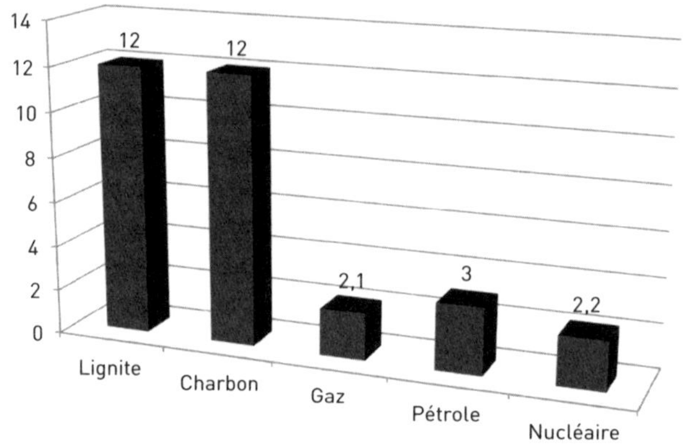

Source : d'après *Electricity generation and health*, Anil Markandya et Paul Wilkinson, *The Lancet*, 2007, vol. 370, pp. 979-990 [Markandya Wilkinson].

Figure 39 Morts dus à la pollution pour 100 TWh d'électricité produite en Europe.

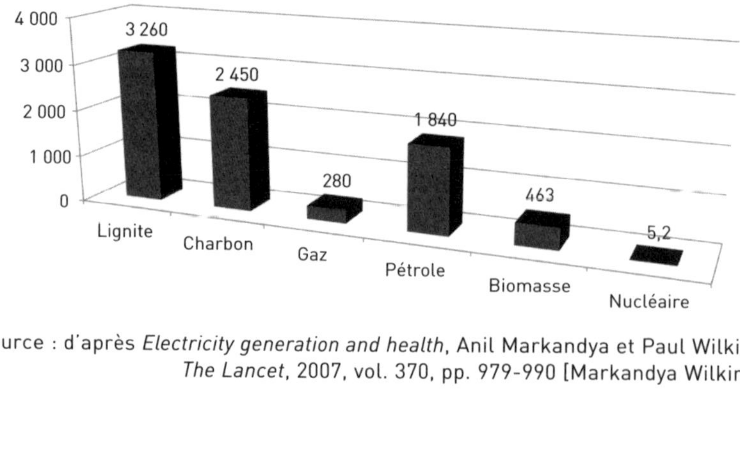

Source : d'après *Electricity generation and health*, Anil Markandya et Paul Wilkinson, *The Lancet*, 2007, vol. 370, pp. 979-990 [Markandya Wilkinson].

sorte de charbon de mauvaise qualité, apparaît séparément. Ces sources d'énergie et le pétrole sont celles qui causent le plus de morts et de maladies graves. **Le nucléaire apparaît comme la moins dangereuse des énergies comparées**, mais il est vrai que, parmi les énergies renouvelables, seule la biomasse est prise en considération. Certes, cette étude date de 2007 ; elle prend en compte les conséquences de la catastrophe de Tchernobyl, mais pas celle de Fukushima ; nous verrons qu'elles ne changeront pas les ordres de grandeur.

Figure 40 Maladies graves dues à la pollution pour 100 TWh d'électricité produite en Europe.

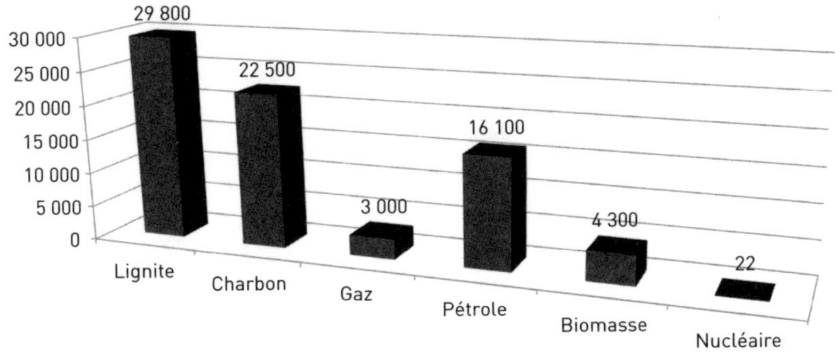

Source : d'après *Electricity generation and health*, Anil Markandya et Paul Wilkinson, *The Lancet*, 2007, vol. 370, pp. 979-990 [Markandya Wilkinson].

D'après les chiffres de cette étude, la production d'électricité ferait chaque année en France environ 37 morts si elle était à 100 % nucléaire, 1 410 morts si elle était à 100 % issue du gaz, 2 315 morts si elle était à 100 % issue de la biomasse, 9 215 morts si elle était à 100 % issue du pétrole, et 28 670 si elle était issue à 100 % du charbon.

Étude de Rabl et Spadaro, *Les coûts externes de l'électricité* [Rabl Spadaro]

Les auteurs ont publié en 2001 une synthèse du projet ExternE (*External Costs of Energy*) de la Communauté européenne concernant les coûts externes de la production d'électricité. Cette étude s'est intéressée aux coûts financiers et aux dommages liés à la pollution générée par différents moyens de production de l'électricité. Les pertes d'espérance de vie, exprimées en années de vie perdues par TWh d'électricité produite, sont données figure 41. **L'éolien est le moins meurtrier, suivi de près par le nucléaire**. Le fioul (pétrole) et le charbon sont clairement les plus dangereux, bien que je n'aie fait figurer ici que les technologies récentes (c'était pire auparavant).

Figure 41 Années de vie perdues par TWh d'électricité produite.

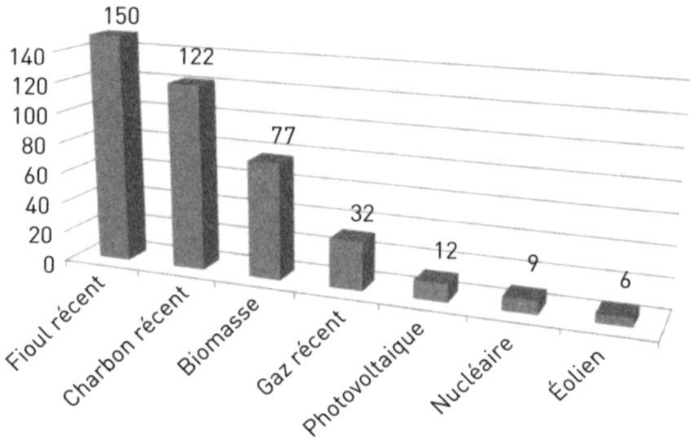

Source : d'après A. Rabl & J.V. Spadaro, *Les Coûts externes de l'électricité* [Rabl Spadaro].

Étude de Kharecha et Hansen, *Prevented Mortality and Greenhouse Gas Emissions from Historical and Projected Nuclear Power* [Kharecha Hansen]

Cette étude a été publiée en 2013 dans la revue *Environmental Science & Technology*, revue scientifique très reconnue. Les auteurs, qui ont pris en compte les conséquences des catastrophes de Tchernobyl et de Fukushima, estiment que **le nucléaire a permis d'éviter 1,8 million de morts** par rapport à une production d'électricité qui aurait été effectuée avec des énergies fossiles. Ils estiment également que le développement du nucléaire pourrait, d'ici au milieu du XXIe siècle, éviter de 420 000 à 7 millions de décès.

Il me paraît important de souligner que je n'ai pas caché d'études aux conclusions contraires.

Le nucléaire

Le raisonnement cartésien, scientifique et rationnel que j'essaie de tenir, me conduit à défendre le nucléaire. Le sujet est tellement clivant que certains lecteurs vont sans doute maintenant se fâcher avec moi, m'accuser d'être en conflit d'intérêts, d'être à la solde de l'affreux lobby nucléaire.

Je n'ai absolument aucun intérêt financier de près ou de loin dans le nucléaire. Mon seul intérêt personnel est de défendre mon avenir et surtout celui de mes enfants qui devront probablement vivre dans un monde plus dur parce que disposant de moins d'énergie. À l'âge de 14 ans je portais le badge « Nucléaire ? Non merci » ; à 20 ans, je me disais qu'il fallait trouver autre chose. Aujourd'hui, je pense qu'il n'y a pas de solution sans inconvénients et qu'il faut faire les moins mauvais choix.

Les inconvénients du nucléaire [Basdevant], en particulier les déchets et le risque d'une catastrophe, sont réels, très connus et médiatisés, et font souvent plus peur que ceux du manque d'énergie ou des énergies fossiles. Pourtant, le manque d'énergie est potentiellement catastrophique pour les humains. Pourtant, les énergies fossiles sont clairement plus dangereuses.

La radioactivité fait très peur, mais elle existe à l'état naturel : en particulier, en France, en Bretagne (notamment sur la très touristique Côte de Granit rose), dans le Massif Central, en Corse ou dans les Vosges. Le rayonnement cosmique est radioactif. En médecine nucléaire, on administre volontairement aux patients des produits radioactifs. On irradie couramment des aliments pour mieux les conserver (les fraises, en particulier), évitant ainsi l'usage de pesticides. De nombreux aliments sont naturellement radioactifs ; les bananes le sont même suffisamment pour être détectées par les douanes. L'être humain est naturellement radioactif : environ 8 000 becquerels pour un adulte. Évidemment, cela ne signifie pas que la radioactivité soit sans danger ; cela dépend du type de rayonnement et surtout de la dose. Le débat sur les seuils de dangerosité existera toujours, mais il me paraît aberrant de considérer la radioactivité comme dangereuse quelle que soit la dose, comme le font certaines associations qui alarment les populations en avançant le fait d'avoir relevé des taux de radioactivité supérieurs à la « normale » : le niveau peut être largement supérieur au taux naturel « normal » sans pour autant dépasser les normes et poser problème.

Bien sûr, le nucléaire peut être dangereux. Mais la bonne question est de savoir s'il est plus ou moins dangereux que les autres possibilités. Au regard des inconvénients présentés par les énergies fossiles et du manque d'énergie, le rapport bénéfice/risque me paraît être largement en sa faveur.

La pollution sous la forme de déchets nucléaires concentrés, emballés, confinés, connus, maîtrisés et à longue durée de vie, me semble préférable à la pollution dispersée, incontrôlée, et à durée de vie infinie des énergies fossiles. Le mercure, par exemple, un poison largement issu de la combustion du charbon, se retrouve dans les océans et dans la chair des poissons que nous mangeons, et sa durée de vie est infinie.

En France, dans le cadre du projet Cigéo, on s'apprête à stocker des déchets nucléaires dans des souterrains, à environ 500 mètres de profondeur, dans une couche de roche argileuse imperméable choisie pour ses propriétés de confinement sur de très longues échelles de temps ; cette couche est stable depuis 150 millions d'années [Sorin]. Cette solution me paraît raisonnable et absolument sans danger pour les populations riveraines. Elle ne plaît, bien sûr, pas aux antinucléaires, puisqu'elle leur enlève l'argument qu'on ne sait pas quoi faire des déchets.

Quinze réacteurs nucléaires ont été entièrement démantelés dans le monde. Le démantèlement du réacteur de la centrale de Maine Yankee aux États-Unis, d'une puissance de 900 MW proche de celle de la plupart des réacteurs français, a été effectué en huit ans pour un coût raisonnable de 500 millions de dollars. Aujourd'hui, des vaches paissent paisiblement à l'ancien emplacement et je boirais leur lait sans crainte. Il est donc faux d'affirmer que le démantèlement est impossible.

Certes, le risque d'une nouvelle catastrophe nucléaire ne peut pas être totalement exclu malgré les énormes précautions désormais prises. Les controverses sur les conséquences des catastrophes de Tchernobyl et de Fukushima existeront toujours. D'après l'Organisation mondiale de la santé, la catastrophe de Tchernobyl a fait quelques milliers de morts [OMS Tchernobyl], mais le charbon tue des centaines de milliers de personnes chaque année. **Les énergies fossiles représentent, en nombre de morts, plusieurs centaines de Tchernobyl chaque année !** Les rejets radioactifs dus à la catastrophe nucléaire de Fukushima auront sans doute un impact sur la santé, mais on peut lire sur le site internet de l'Organisation mondiale de la santé que « les risques prévus sont faibles pour l'ensemble de la population à l'intérieur et à l'extérieur du Japon ». Le rapport de 2013 du Comité scientifique des Nations unies pour l'étude des effets des rayonnements ionisants [UNSCEAR] [GEO] affirme qu'« aucun décès, aucune maladie grave ayant un lien avec des radiations, n'a été observé parmi les travailleurs et l'ensemble de la population à la suite de l'accident de Fukushima », « aucune conséquence perceptible des radiations n'est à prévoir parmi le public exposé ou ses descendants », « l'accident de Fukushima n'a fait aucune victime, décès ou malade, du fait des radiations émises, et que dans l'avenir, les conséquences de ces mêmes radiations seront trop faibles pour être discernables » ; un rapport écrit par quatre-vingts experts de dix-huit pays, confirmé en 2015, et largement ignoré des médias français.

Ceux qui se méfient de ces sources d'information trop officielles peuvent se rendre sur le site Wikipedia [wiki Fukushima] : on peut y lire que 45 à 55 personnes sont mortes du fait de l'accident ou de l'évacuation du secteur de Fukushima, moins de 20 personnes ont été gravement blessées ou fortement irradiées, moins de 1 000 personnes ont été blessées légèrement ou faiblement irradiées. C'est trop, mais c'est aussi dérisoire face aux maladies dues aux autres sources d'énergie.

On me dira que ces rapports rassurants émanent de personnes en conflit d'intérêts, sous l'influence du fameux lobby nucléaire, et que d'autres rapports concluent à des conséquences bien plus importantes.

Mais ces autres rapports émanent bien souvent de militants antinucléaires dont l'objectivité n'est pas davantage acquise, tant ils veulent montrer les dangers de ce qu'ils combattent. Les associations qui luttent contre le nucléaire perdraient tout intérêt (et donc financements et emplois) si elles se mettaient à confirmer les chiffres officiels.

Je pense que les chiffres de l'UNSCEAR et de l'OMS, qui sont des émanations de l'Organisation des nations unies, sont les plus fiables. Comme le fait remarquer Jean-Marc Jancovici, le GIEC est également issu de l'ONU et, mis à part quelques irréductibles climato-sceptiques, peu de gens contestent ses chiffres. Les lobbys des énergies fossiles n'ayant pas réussi à faire taire le GIEC sur leur rôle néfaste dans le réchauffement climatique, on voit donc mal comment le lobby nucléaire, bien moins important que celui des fossiles, pourrait avoir une influence importante sur les rapports de l'ONU.

En tout état de cause, les conséquences de Fukushima – évacuation des résidents et pollutions radioactives – sont graves mais à replacer dans le contexte d'un séisme et d'un tsunami qui ont tué au moins 15 000 personnes et envoyé des tonnes d'objets et de polluants dans la mer (voitures, débris de maisons, machines, hydrocarbures, solvants, acides, pesticides, médicaments et autres polluants toxiques) dont les conséquences sur la santé ne sont pas quantifiables. Ce séisme a d'ailleurs provoqué la rupture du barrage hydraulique de Fujinuma causant plusieurs morts – des dizaines de milliers de personnes sont mortes au XXe siècle à cause de ruptures de barrage, soit bien plus qu'à cause d'accidents nucléaires – et personne ne demande l'arrêt de la production d'électricité par ce moyen.

Environ 100 000 personnes ont dû être évacuées du secteur de Fukushima, soit moins de 20 % des 550 000 personnes qui ont perdu leur habitation à cause du séisme et du tsunami. La construction du barrage des Trois Gorges en Chine, qui sert également à produire de l'électricité, a nécessité l'évacuation de plus de dix fois plus de personnes que la centrale nucléaire de Fukushima. La zone évacuée est aujourd'hui de 370 km^2 tandis que l'exploitation des mines de charbon à ciel ouvert en Allemagne a détruit plus de 500 km^2 de campagnes.

Après cette catastrophe, le Japon a mis à l'arrêt ses centrales nucléaires qui produisaient environ 28 % de l'électricité japonaise. Ce manque de production a été très peu compensé par des économies d'électricité mais l'a été largement par une production accrue d'électricité au gaz, fuel et charbon, entraînant des émissions de CO_2 et de divers polluants [Livet]. La part charbon dans l'électricité japonaise est passée de 27 à 33 %, celle du gaz de 28 à 39 % entre 2010 et 2015 tandis que la consommation ne baissait que de 10 %. Il est plus que probable que les conséquences sur la santé de ces émissions soient pires que celles de la radioactivité de la centrale nucléaire de Fukushima. Bernard Durand est géochimiste des combustibles fossiles, ex-directeur de la division Géologie-Géochimie de l'Institut Français du Pétrole et des énergies nouvelles, ex-directeur de l'École Normale Supérieure de Géologie. Il expliquait en 2018 « La pollution atmosphérique représente donc à l'échelle de la planète un risque de mortalité de l'ordre de dix mille fois plus élevé pour les populations que la radioactivité, en incluant pour cette dernière la contribution de Tchernobyl et de Fukushima », « on constate qu'il est alors plus risqué de vivre 50 ans à Paris là où les doses de particules fines sont en permanence de l'ordre de 50 µg PM 2,5 par m^3, soit actuellement par endroits au contact des grands axes de circulation automobile, que de vivre 50 ans dans les zones de Fukushima où les doses reçues de radioactivité sont actuellement de 50 mSv/an, et qui ont été évacuées pour cette raison » [Durand].

On peut faire un parallèle avec la comparaison entre les moyens de transport : l'avion fait plus peur que les autres parce que les catastrophes aériennes sont spectaculaires, mais c'est pourtant statistiquement le plus sûr.

Actuellement, les pays qui arrivent à produire une large part d'électricité non issue d'une énergie fossile polluante sont ceux qui ont développé le nucléaire et/ou qui ont la chance d'avoir une géographie permettant l'hydroélectricité (la France, la Suisse, la Suède, la Norvège, l'Islande, l'Autriche, le Brésil, le Canada) [Mix]. Pour certains, l'effondrement de nos sociétés est inéluctable dans les années à venir. Les êtres humains ne seraient alors plus capables de gérer les centrales nucléaires, qui deviendraient des dangers immenses. Le manque de pétrole, par exemple, empêcherait de faire fonctionner les engins nécessaires à la construction, à la maintenance et au démantèlement des centrales. Peut-être même que la désorganisation de la société empêcherait la gestion de tout cela. Un degré de pessimisme que je n'ai pas encore atteint. Je pense que l'important est d'avoir de l'énergie à disposition pour éviter justement que la société ne s'effondre, les engins en question pouvant fonctionner grâce à l'électricité des centrales. Je pense que, en France, cette industrie est surveillée plus que toute autre [Barré] [Kuo], en particulier par l'Autorité de sûreté du nucléaire dont les commissaires, irrévocables durant les six ans de leur mandat, ne plaisantent pas et ont le pouvoir de faire fermer une centrale. L'industrie nucléaire est également très surveillée par les associations antinucléaires, qui ne manquent pas de diffuser des communiqués anxiogènes au moindre dysfonctionnement, les médias adorant les reprendre avec des titres choc destinés à générer un maximum de « clics » sur le Web. Par exemple en juillet 2019, l'Association pour le Contrôle de la Radioactivité dans l'Ouest qui emploie plusieurs salariés, alertait à propos de la présence de tritium, élément radioactif, dans les eaux de la Loire, de la Vienne et dans le réseau d'eau potable de millions de personnes. Les communiqués anxiogènes ont été repris par la Commission de Recherche et d'Information Indépendantes sur la Radioactivité (CRIIRAD, 14 salariés), une association similaire, par le réseau Sortir du Nucléaire (13 salariés), et de nombreux médias. La valeur la plus élevée mentionnée (341 Bq/L) était 20 fois inférieure au seuil de potabilité fixé par l'Organisation Mondiale de la Santé (10 000 Bq/L) ; il aurait fallu en boire au moins 40 litres pour recevoir la même quantité de radioactivité que celle contenue dans une banane ! La presse a généralement fait correctement son travail en expliquant que les niveaux relevés étaient extrêmement faibles, mais le mal était fait : des rumeurs folles ont circulé, des milliers de gens inquiets ont refusé de boire l'eau du robinet, contribuant à ajouter des camions sur les routes pour transporter des bouteilles de plastique.

Brice Lalonde, écologiste et ministre de l'Écologie de 1988 à 1992, a déclaré à *la Voix du Nord* en janvier 2016 : « J'appelle les écologistes à tenir compte du nucléaire qui n'émet pas de CO_2 et qui est sûr dans nos pays. J'étais un antinucléaire farouche, mais il ne faut pas fermer la porte à ces technologies quand il y a urgence à engager une transition vers une énergie propre. » Patrick Moore, un des fondateurs de Greenpeace, a reconnu dans le quotidien allemand *Die Welt* en 2008 :

« Je suis absolument persuadé aujourd'hui que la campagne contre l'énergie nucléaire était stupide. Nous avons fait l'erreur de mettre les armes nucléaires et l'énergie nucléaire dans le même sac, comme si tout ce qui était nucléaire était mauvais. » La confusion entre nucléaire civil et nucléaire militaire est d'ailleurs entretenue par certains. On utiliserait bien peu de technologies s'il fallait refuser toutes celles dont se sert l'armée.

Bien sûr, le nucléaire ne représente pas actuellement une grande part de l'énergie mondiale produite (environ 2 % de l'énergie finale) mais c'est mieux que pour l'éolien ou le photovoltaïque (environ 1 % et 0,5 %), et cela ne prouve rien quant à la part que ces énergies pourraient prendre demain.

Mon opinion est qu'on aura moins de problèmes avec le nucléaire que sans. Sur les 1 200 scénarios répertoriés par le Groupe d'experts intergouvernemental sur l'évolution du climat (GIEC), seuls huit affirment qu'on peut limiter le réchauffement planétaire à 2 °C sans nucléaire. L'Agence internationale de l'énergie estime que, depuis 1971, le nucléaire a évité le rejet de l'équivalent de deux années d'émissions mondiales de CO_2 au taux actuel [WEO]. Dans un rapport publié en mai 2019 [IEA nuclear power], l'Agence Internationale de l'Énergie préconise une augmentation de 80 % de la production mondiale d'énergie nucléaire d'ici 2040, et s'inquiète d'un déclin du nucléaire : « sans investissement dans le nucléaire, il sera beaucoup plus difficile de mettre en place un système énergétique durable » ; « dans le cas où aucun investissement supplémentaire n'est réalisé dans les économies avancées pour prolonger la durée de vie des centrales nucléaires existantes ou pour développer de nouveaux projets… le gaz et, dans une moindre mesure, le charbon joueraient un rôle important dans le remplacement du nucléaire. Les émissions cumulées de CO_2 augmenteraient de 4 milliards de tonnes d'ici 2040, ce qui ne ferait qu'ajouter aux difficultés déjà considérables d'atteindre les objectifs d'émissions. »

Je ne prétends pas pour autant que le nucléaire est exempt d'inconvénients, et qu'il sera une solution miracle au problème de l'énergie. Il serait sans doute préférable de n'utiliser ni énergies fossiles ni nucléaire, c'est-à-dire que des renouvelables. Est-ce possible ? Les développements suivants permettront peut-être de se faire une opinion.

6 Ressources énergétiques

Ressources fossiles

Je le répète : plus de 80 % de l'énergie mondiale consommée est d'origine fossile, c'est-à-dire issue d'un stock qui ne se renouvelle pas, alors que les besoins vont en augmentant. Il faut chaque année avoir plus d'énergie à disposition, c'est-à-dire chaque année extraire plus de pétrole ou de gaz que l'année d'avant. Il est évident que cette fuite en avant ne se poursuivra pas indéfiniment. On peut toujours penser que nous n'en manquerons pas avant longtemps, mais il est clair que cela arrivera.

Une mauvaise question consiste à se demander en quelle année nous n'en aurons plus. En effet, cette question suppose que la production s'arrêtera d'un seul coup. La réalité sera probablement bien plus complexe, au gré de l'évolution des techniques, de la découverte de nouveaux gisements plus ou moins difficiles à exploiter, des variations des prix et des crises économiques. Le plus probable est que la production passera par un maximum, pourra stagner, avant de décliner. Le passage par le maximum fait l'objet de nombreuses théories et débats. Le géophysicien Marion King Hubbert ayant le premier, dans les années 1940, suggéré une courbe en forme de cloche avec un pic de consommation, on parle de « pic de Hubbert ».

• Concernant le pétrole, certains estiment que le pic est déjà passé ou en train de passer ; d'autres plus optimistes ne le voient que dans quelques décennies, en particulier grâce au pétrole de schiste et à la fracturation hydraulique (des techniques controversées). En tout cas, quasiment personne ne prétend que le pétrole sera encore abondant à la fin de ce siècle. Ce qui est clair, c'est que le pic du pétrole conventionnel est passé. La production se maintient grâce aux pétroles non conventionnels comme les sables et schistes bitumineux ou les huiles extra-lourdes. Le pic des découvertes est aussi passé : on découvre chaque année moins de pétrole qu'on en consomme. Même les firmes pétrolières ne remettent pas en cause la proximité des problèmes d'approvisionnement. Michel Mallet, Directeur de Total Allemagne déclarait en 2009 : « dans l'avenir, nous devrons investir davantage simplement pour maintenir la production actuelle. ». Christophe de Margerie, PDG de Total, affirmait dans le journal *Le Monde* en 2013 qu'en raison de nos capacités limitées à transformer les ressources pétrolières, « le niveau de production de pétrole devrait donc commencer à plafonner vers 2020-2025 ». Le PDG de Shell, Peter Voser, déclarait en 2011 : « La production des champs existants décline de 5 % par an à mesure que les réserves s'épuisent, si bien qu'il faudrait que le monde ajoute l'équivalent de quatre Arabie Saoudite ou de dix mers du Nord dans les dix prochaines années rien que pour maintenir l'offre à son niveau actuel, avant même un quelconque accroissement de la demande. ». Dans le même style : Patrick Pouyanné, PDG de Total, dans le journal Le Monde en 2018 « après 2020, on risque de manquer de pétrole » et en 2019 dans le Journal du Dimanche « à l'horizon vingt ans, le marché du pétrole devrait commencer à décroître »; l'Agence Internationale de l'énergie en 2019 « ces trois dernières années, le nombre de nouveaux projets approuvés de production de pétrole conventionnel ne représente que la moitié du volume nécessaire pour équilibrer le marché jusqu'en 2025… »

Je vous invite à lire *La Vie après le pétrole* de Jean-Luc Wingert [Wingert], *Pétrole apocalypse* d'Yves Cochet [Cochet], *Pétrole, la fête est finie* de Richard Heinberg [Heinberg], *Le plein, s'il vous plaît* de Jean-Marc Jancovici [Jancovici le plein] ou encore *Or noir* de Mathieu Auzanneau [Auzanneau]. Rien de bien réjouissant dans tous ces ouvrages. Leurs auteurs estiment tous que l'ère du pétrole abondant ne durera plus et que les conséquences en seront énormes.

Maarten Van Mourik et Oskar Slingerland, cadres de compagnies pétrolières, expliquaient en 2014 « au final il n'existe plus dans le monde d'endroits oubliés où l'on pourrait encore trouver du pétrole et il n'existe nulle part de quantités substantielles de pétrole pouvant encore être exploitées rapidement à faible coût » ; « tout nous indique que nous sommes plus proches que jamais des limites du maximum de capacité de production de pétrole » [Mourik].

Philippe Charlez, expert en mécanique des roches pour Total, spécialiste des ressources non conventionnelles, écrivait en 2017 « Malgré une abondance apparente de ressources, les combustibles fossiles sont de plus en plus complexes à exploiter et donc à produire », « la proximité des pics se compte en quelques dizaines d'années, guère plus » [Charlez].

Le spécialiste français Mathieu Auzanneau déclarait en août 2019 « l'Agence Internationale de l'Énergie considère que le seul moyen de maintenir la production de pétrole, c'est l'exploitation de l'huile de schiste aux États-Unis. Une industrie qui est en plein boom aujourd'hui mais qui présente de plus en plus de signes de fragilités techniques et financières, ce qui semble exclure un doublement voire un triplement de cette production, pourtant nécessaire pour compenser le manque de pétrole conventionnel ».

• Les réserves de gaz naturel seraient légèrement supérieures à celles du pétrole, mais sa consommation augmente beaucoup, car il est de plus en plus utilisé pour le chauffage et la production d'électricité (figure 30). La France refuse d'exploiter les gaz de schiste sur son territoire pour des raisons environnementales très compréhensibles, mais d'après l'observatoire des multinationales, elle importerait depuis 2018 du gaz de schiste américain par navire méthanier. Il y a donc une certaine hypocrisie dans l'attitude française.

• Malheureusement, les réserves de charbon semblent être dans une situation nettement meilleure. Vous l'avez compris, le charbon est de loin la plus polluante, nocive, dangereuse de toutes les sources d'énergie. Il est très utilisé pour la production d'électricité, mais pourrait un jour aussi servir à faire avancer les véhicules : on sait produire à partir du charbon un genre d'essence synthétique, un procédé déjà utilisé pendant la Seconde Guerre mondiale afin d'approvisionner la Wehrmacht qui manquait de pétrole, un procédé très polluant, bien sûr... Les besoins en énergie augmentant avec la population mondiale et le développement des pays pauvres, il y a fort à parier que le charbon restera une énergie importante malgré la pollution, le réchauffement climatique et les engagements de dirigeants désarmés face à la complexité des problèmes.

Au fur et à mesure que les ressources fossiles diminuent, il faut aller les chercher de plus en plus loin. Il faut donc plus de main-d'œuvre, de matériaux, et surtout plus d'énergie pour aller les chercher. De l'énergie pour de l'énergie ! Au Canada, pour exploiter les sables bitumineux, on consomme un baril de pétrole pour en extraire trois ou quatre... Nous y reviendrons.

Ressources pour l'énergie nucléaire

Einstein a établi la fameuse relation $E = mc^2$, qui signifie que la quantité d'énergie E que possède la matière est égale à sa masse notée *m* multipliée par le carré de la vitesse de la lumière notée *c*. Cette énergie des atomes est considérable, car la vitesse de la lumière est très élevée (300 000 km par seconde). Ainsi, mon stylo qui ne pèse que 10 grammes possède potentiellement une énergie de 900 millions de millions de joules, soit 250 000 millions de Wh, c'est-à-dire de quoi alimenter en électricité environ 80 000 foyers pendant un an ! C'est prodigieux ! Toutefois, la fission nucléaire, qui permet de libérer l'énergie des atomes constituant toute matière, n'est actuellement réalisée qu'avec de l'uranium. Et la fission d'un noyau d'uranium ne libère qu'un millième environ de l'énergie contenue dans sa masse, mais c'est déjà considérable. Un jour lointain, on pourra peut-être extraire l'énergie de n'importe quel atome.

Selon l'Agence internationale de l'énergie atomique, les ressources mondiales d'uranium identifiées dont le coût d'extraction est raisonnable représentent l'équivalent d'un siècle de consommation au rythme actuel. Elles se trouvent essentiellement en Australie (31 % des réserves prouvées), au Kazakhstan, au Canada, en Russie, au Niger, en Afrique du Sud, au Brésil, en Namibie. Évidemment, si le nucléaire venait à se développer à grande échelle dans le but de remplacer les fossiles, les ressources s'amenuiseraient rapidement. Mais d'autres gisements existent : on trouve, à faible concentration, de l'uranium partout dans la croûte terrestre, et même dans l'eau de mer. Les océans du monde contiennent, sous forme dissoute, de quoi faire fonctionner nos centrales actuelles pendant des dizaines de milliers d'années ! De plus, il n'y a pas qu'une façon de produire de l'énergie à partir des atomes. De nouveaux types de réacteurs, dits de « génération 4 » (à neutrons rapides), pourraient voir le jour. La génération 4 pourrait être alimentée avec de l'uranium 238, cent fois plus abondant que l'uranium 235 actuellement utilisé, ou par du thorium, quatre fois plus abondant que l'uranium. L'utilisation de ces technologies permettrait plusieurs milliers d'années de réserves, une échelle de temps qui les assimile aux renouvelables ! Il ne s'agit pas de science-fiction : plusieurs types de réacteurs de génération 4 sont à l'étude en Afrique du Sud, en Argentine, au Brésil, au Canada, en Chine, en Corée du Sud, aux États-Unis, en France, au Japon, au Royaume-Uni, en Russie et en Suisse. En France, le projet s'appelait ASTRID ; il est inspiré des surgénérateurs désormais fermés Phénix et Superphénix qui, bien que controversés et loin d'être parfaits, ont fonctionné. Malheureusement il semble bien que ce projet ne verra pas le jour : l'uranium étant actuellement largement disponible et peu cher, il n'y a pas de besoin urgent de ce type de réacteur et la France a décidé en 2019 d'arrêter le programme. La Russie a pourtant démarré en 2016 un réacteur à neutrons rapides de 800 MW, aujourd'hui connecté au réseau et qui semble bien fonctionner, et développe un réacteur de 1 200 MW. La France pourrait regretter son choix dans quelques années si le nucléaire se développe dans le monde et que les ressources en uranium viennent à manquer. Ce scénario me parait très probable : lorsque le pétrole et le gaz manqueront, quand les États auront réalisé que les renouvelables ne peuvent pas suffire, il est vraisemblable que beaucoup se tourneront vers le nucléaire. Espérons au moins que le savoir-faire dans ce domaine ne se perde pas trop.

La fusion nucléaire est encore une autre technologie très différente qui pourrait voir le jour dans un avenir plus lointain. Il s'agit en gros de reproduire les réactions se produisant à la surface du Soleil. Le projet international ITER est en construction en France près de Cadarache.

Ressources renouvelables

Faire l'inventaire de toute la puissance renouvelable potentielle dans le monde est un exercice extrêmement difficile. La Terre reçoit chaque année du Soleil environ 8 000 fois l'énergie consommée par les humains, et le noyau en fusion de la Terre laisse s'échapper environ le double de ce qu'ils consomment [Ben Ahmed], ce qui fait dire à certains qu'il est évident que les énergies renouvelables peuvent facilement satisfaire les besoins humains. Ce raisonnement est à mon avis un peu trop simple, car savoir capter, concentrer, stocker, transporter les énergies renouvelables par nature dispersées est très complexe. Les activités humaines ont explosé avec l'exploitation des énergies fossiles au contraire très concentrées.

- Solaire : capter l'énergie solaire nécessite de la place, car le rayonnement solaire reçu est directement proportionnel à la surface. Plus de 71 % de la planète est recouverte d'océans sur lesquels on imagine mal placer des panneaux solaires. Sur terre, ils ne doivent pas perturber la végétation (la photosynthèse ne se ferait, bien sûr, pas correctement sous les panneaux qui auraient absorbé l'énergie solaire à la place des plantes) ; les espaces potentiels diminuent alors considérablement.

On peut sans doute utiliser des jachères agricoles et des friches industrielles pour y placer des panneaux photovoltaïques. En négligeant les énormes problèmes de transport et de stockage, il faudrait environ 5 000 km^2 pour produire toute l'électricité française (et non toute l'énergie). Cela représente quand même *grosso modo* la surface d'un département français à trouver, et sur laquelle la végétation ne pousserait plus normalement. Il en faudrait au moins quatre fois plus pour produire toute l'énergie consommée en France.

D'où l'idée de mettre des panneaux là où il n'y a déjà plus de végétation, c'est-à-dire sur les toits. En France, chaque mètre carré au sol reçoit du soleil un peu plus de 1 200 kWh chaque année. Un panneau photovoltaïque d'un rendement d'environ 10 % produit donc un peu plus de 120 kWh par mètre carré chaque année. Il y a environ 30 millions de logements en France, ce qui fait moins de 30 millions de toits puisqu'il y a des logements collectifs. Mais il y a des toits d'usines, de commerces, de bureaux... Tous ne sont pas exposés au sud, orientation privilégiée pour le solaire, et certains toits sont à l'ombre de bâtiments ou comportent des obstacles comme des cheminées ou des fenêtres. Donc je pense que garder cet ordre de grandeur de 30 millions de toits est assez optimiste. En mettant 20 m^2 de panneaux photovoltaïques sur chaque toit (un travail considérable qui prendrait des années, nécessiterait du personnel qualifié en nombre, la fabrication de millions de panneaux et onduleurs, et l'adaptation du réseau électrique), on produirait environ 60 TWh, soit 14 % de la consommation d'électricité ou 3 % de la consommation d'énergie française.

Dans tous les cas, comme le soleil ne brille pas toujours, il faudrait développer des techniques de stockage gigantesques. Le stockage et le transport occasionnant inévitablement des pertes considérables, l'énergie finale disponible serait bien inférieure. Certes la technologie des panneaux évolue et pourrait améliorer un peu le rendement des panneaux, certes on envisage des murs et des routes solaires, mais tout cela ne changera pas beaucoup les ordres de grandeur et les difficultés pour pouvoir compter massivement sur cet apport énergétique.

La production solaire peut être pertinente dans le Sahara, où l'on dispose d'une grande surface très ensoleillée sur laquelle la présence de panneaux ne nuit pas à la végétation. C'est de cette idée qu'est né vers 2003 le projet Désertec : un énorme projet d'exploitation des déserts d'Afrique du Nord et du Moyen-Orient afin d'approvisionner les régions avoisinantes, mais aussi l'Europe, en électricité. De très grosses entreprises y étaient associées. Mais le projet a été abandonné en 2014, trop cher, en particulier à cause des immenses lignes de transport d'électricité qu'il aurait fallu construire.

Cela ne signifie pas que l'on n'exploitera pas l'énergie solaire dans le désert : Noor, centrale solaire thermodynamique à Ouarzazate dans le sud du Maroc, fonctionne, et devrait à terme être la plus grande centrale solaire au monde avec une puissance de 580 MW (580 millions de watts), soit grossièrement la moitié de la puissance d'un réacteur nucléaire. Avec d'autres centrales, le Maroc a en projet une puissance électrique solaire énorme de 2 000 MW. Des projets d'autant plus intéressants que la technologie solaire à concentration (et non photovoltaïque) permet de continuer à produire de l'électricité quelques heures après le coucher du soleil, ce qui limite le besoin de stockage. Je soutiens ces projets. Toutefois, les quelques points suivants vont me faire passer pour un rabat-joie :

- il faut de l'eau pour le nettoyage des panneaux et pour le refroidissement, ce qui est un problème dans le désert ;
- la puissance électrique appelée par les Marocains dépasse parfois les 6 000 MW, et pas forcément aux heures où les centrales solaires produiront toute leur puissance ;
- la consommation d'électricité du Maroc augmente de 4 à 6 % par an ;
- la production solaire faiblira quelques heures après le coucher du soleil, alors que bien des lumières et appareils électriques fonctionneront encore ;
- un seul réacteur nucléaire a une puissance de plus de 1 000 MW, il occupe une surface inférieure à 1 km^2 alors qu'il faudra plus de 25 km^2 pour les 580 MW de Noor ;
- une mégacentrale au charbon de 1 386 MW (!) a été mise en service en 2018 près de Casablanca (à Safi), et une autre de 1 320 MW est en projet pour 2021 dans le nord du Maroc dans le cadre du nouveau port Nador West Med. On en parle beaucoup moins dans les journaux…

Rappelons qu'en France, bien qu'on accuse souvent le nucléaire d'avoir empêché le développement des renouvelables, la centrale solaire Thémis dans les Pyrénées a été dès 1983 l'une des premières centrales solaires à concentration.

D'après Philippe Bihouix, auteur de *L'Âge des low-tech* [Bihouix low tech], pour produire la consommation d'électricité mondiale (c'est-à-dire moins d'un cinquième de la consommation d'énergie), étant donné les capacités de production des usines qui fabriquent les panneaux, il faudrait installer l'équivalent de 500 années de production actuelle de panneaux solaires !

Néanmoins, je pense que certaines technologies exploitant l'énergie solaire sont trop peu utilisées. Le solaire thermique permet de faciliter le chauffage de l'eau et des logements sans passer par l'intermédiaire de l'électricité. Dans certains pays chauds, on se contente de placer un réservoir noir sur le toit des maisons pour chauffer l'eau. Cela fonctionne l'été sous certaines latitudes, mais pour pouvoir compter dessus toute l'année dans des pays comme la France, il faut une technologie plus évoluée, malheureusement chère et trop peu subventionnée. Ces technologies, qui permettraient pourtant de réelles économies de gaz ou de fioul, donc d'émissions de CO_2 et de polluants, se développent donc très lentement. D'autre part, le solaire passif est à mon avis beaucoup trop peu pris en compte dans la conception des logements : il s'agit, en gros, de placer tout simplement les vitres des logements au sud pour bénéficier d'un maximum des rayons du soleil afin de diminuer les besoins en chauffage du logement. C'est simple et efficace.

- La biomasse exploite l'énergie des végétaux, donc l'énergie solaire grâce à la photosynthèse qui réussit le miracle de stocker l'énergie du soleil en transformant le CO_2 de l'air en matière organique. La biomasse inclut le bois, les biocarburants, le biogaz. Son potentiel est limité car les forêts doivent se renouveler, et les champs doivent avant tout nous nourrir. Le chauffage au bois est utilisé depuis toujours. Tout le monde ne peut pas se chauffer au bois, car le recours intensif à la biomasse entraînerait déforestation et érosion des sols. Le bois n'est renouvelable que si on laisse les forêts repousser, ce qui prend du temps. Il est arrivé couramment dans les siècles passés que les humains déforestent beaucoup trop certaines zones. Par exemple, dans la vallée de Serre-Chevalier près de Briançon, c'est parce que les forêts avaient été surexploitées que l'on s'est tourné vers le charbon dès le XVIIe siècle.

D'après Jean-Marc Jancovici [Jancovici web], chauffer la France au bois demanderait l'exploitation forestière de 20 à 25 % du pays. La centrale électrique au bois de Gardanne (Bouches-du-Rhône) a été construite pour contribuer à atteindre les 23 % d'énergies renouvelables en France en 2020. Mais son alimentation impliquerait de prélever 35 % du gisement forestier disponible dans un rayon de 250 km, on importerait même du bois du Canada et d'Ukraine… Les parcs régionaux du Luberon et du Verdon ainsi que deux communautés de communes ont déposé en 2015 un recours devant le tribunal administratif contre son autorisation d'exploitation, craignant un besoin trop important de la ressource forestière locale. On craint également l'impact des rotations de camions pour alimenter la centrale, et la pollution atmosphérique (particules fines, dioxines, CO_2). La justice a annulé l'autorisation d'exploitation en juin 2017. On constate donc que des organismes chargés de la protection de l'environnement (deux parcs régionaux) ont contribué à freiner l'utilisation d'une énergie renouvelable. En 2019, un groupe de défenseurs de l'environnement a d'ailleurs intenté une action en justice contre l'Union Européenne pour empêcher l'inclusion de la biomasse forestière dans la directive visant à atteindre 32 % d'énergie renouvelable en 2030.

Si on voulait remplacer en France la moitié du pétrole utilisé pour les transports par des biocarburants il faudrait, d'après le Pr J. Foos, 1,5 fois la surface utilisée actuellement pour la culture de blé, 18 fois celle utilisée pour le colza, 13 fois celle utilisée pour le tournesol ou 16 fois celle utilisée pour la betterave [Foos].

• Le biogaz me paraît pertinent, puisqu'il utilise la fermentation de déchets qui dégageraient du CO_2 si on les laissait se décomposer à l'air libre. Au lieu de cela, on produit du méthane que l'on peut injecter dans les réseaux de gaz classiques ou utiliser pour produire de l'électricité. Mais son potentiel est limité, et son développement souvent entravé par les riverains qui craignent, probablement injustement, les odeurs des installations de méthanisation.

• L'énergie éolienne exploite en fait également l'énergie solaire : le vent provient de différences de températures et de pressions induites par le rayonnement solaire. Elle nécessite des sites adaptés, ventés bien sûr, mais aussi accessibles aux engins de construction et de maintenance, suffisamment éloignés des habitations et des routes migratoires des oiseaux. Et comme il y a moins de vent derrière une éolienne, on ne peut pas les placer trop proches les unes des autres. L'éolien en mer permet d'exploiter des vents forts et plus réguliers que sur terre, mais il est très complexe à développer. Des projets d'éoliennes flottantes voient le jour, mais actuellement elles reposent généralement sur le fond de la mer, ce qui nécessite des profondeurs inférieures à 40 mètres et limite les sites. En France, en négligeant les problèmes d'intermittence et de stockage (qui sont pourtant des problèmes essentiels), en négligeant aussi les pertes de transport d'électricité, il faudrait 500 000 éoliennes de 2 MW pour produire l'énergie française, soit grossièrement 5 000 par département (environ quatre fois moins si on ne considère que l'électricité et non toute l'énergie). En plaçant une éolienne de 2 MW tous les deux cents mètres de Dunkerque à Biarritz, soit environ 5 000 éoliennes, on produirait environ 20 TWh, soit moins de 5 % de l'électricité et environ 1 % de l'énergie consommée en France. Cela ne signifie pas, bien sûr, que l'éolien n'ait aucun rôle à jouer; on construit d'ailleurs des éoliennes de plus en plus puissantes. Mais les problèmes d'intermittence, de stockage et de stabilité du réseau électrique (maintenir la tension et la fréquence constantes malgré la variabilité du vent) constituent de réels freins au rôle que pourra jouer cette énergie dans les décennies à venir.

Évidemment, personne ne songe à alimenter la France uniquement à partir d'éoliennes ou de panneaux photovoltaïques, mais ces calculs rapides permettent de se faire une idée des ordres de grandeur. Rappelons que les énergies électriques non pilotables (éolien et solaire) viennent actuellement en plus, et non à la place, des autres moyens de production (on ne développe actuellement pas d'infrastructures de stockage, et on incite peu au report de consommation). Les centrales électriques traditionnelles restent donc nécessaires, mais sont moins utilisées. Dans ces conditions, on peut donc s'interroger sur la pertinence de leur développement : leurs fabrication, installation, maintenance, recyclage ont un impact environnemental. Ces moyens matériels et humains ne seraient-ils pas parfois mieux investis dans le solaire thermique, l'isolation des logements, les transports en commun ?

• L'hydroélectricité exploite en fait également l'énergie solaire, qui permet l'évaporation de l'eau et la pluie. Elle a sans doute encore de gros potentiels à l'échelle mondiale si l'on accepte de construire des barrages, c'est-à-dire de bouleverser des écosystèmes, de noyer des vallées et de déplacer des populations… En France, on estime qu'on est quasiment au maximum. Seule la micro-hydraulique, peu puissante, est encore en développement.

• Les énergies marines exploitent l'énergie des vagues, des marées, des courants marins (c'est-à-dire l'énergie solaire qui crée ces mouvements, ou la rotation de la Lune autour de la Terre qui crée les marées). Le potentiel est peut-être élevé, mais ces énergies sont très diffuses, et les techniques paraissent très complexes à mettre en place. En France, l'usine marémotrice de la Rance, qui exploite la force des marées, est restée de 1966 à 2011 la plus grande du monde avec une capacité de (seulement) 240 MW. Le barrage a considérablement modifié l'écosystème et provoqué un envasement important. Il y a peu de projets de ce genre dans le monde. Il est peu probable que cette source d'énergie joue un rôle important dans le futur.

• D'autres sources renouvelables existent. La géothermie exploite la chaleur du sous-sol. On peut, par exemple, injecter de l'eau froide en profondeur et exploiter l'eau chaude qui ressort. Une technologie prometteuse, mais qui se développe bien lentement.

Les pompes à chaleur, qui fonctionnent sur le principe des réfrigérateurs, permettent de transférer des calories depuis le sous-sol, les nappes phréatiques ou l'air ambiant. Elles consomment de l'électricité, mais beaucoup moins qu'un chauffage électrique classique et se développent sans doute trop lentement.

Je n'affirme pas que les énergies renouvelables sont sans intérêt ni avenir. Au contraire, développer le solaire thermique, le solaire à concentration, les pompes à chaleur, le biogaz, etc., me paraît tout à fait pertinent. Mais il me semble extrêmement optimiste de compter uniquement sur ces énergies pour maintenir notre niveau de consommation actuel.

Nous verrons qu'**aucun scénario de transition énergétique français ne prétend que l'on puisse remplacer les énergies fossiles et nucléaire par des renouvelables sans une baisse drastique de la consommation**. En 2013, l'Agence de l'environnement et de la maîtrise de l'énergie (Ademe) a publié des scénarios [Ademe 2013] dans lesquels elle montre « une exploitation maximale des potentiels d'énergies renouvelables », le total représente 72,6 Mtep (il suffit de faire l'addition des données du tableau de la page 32 du document), soit 844 TWh d'énergie primaire. Rappelons que la consommation d'énergie française était en 2018 d'environ 3 000 TWh en énergie primaire et de 1 800 TWh en énergie finale.

L'EROEI, ou taux de retour énergétique

EROEI signifie « Energy Returned On Energy Invested », en français « taux de retour énergétique » : ce coefficient quantifie la quantité d'énergie que l'on récupère (appelée aussi « énergie nette ») par rapport à celle que l'on a utilisée pour l'obtenir. En effet, il faut de l'énergie pour extraire du pétrole, du gaz ou du charbon, pour construire et exploiter des centrales nucléaires, des éoliennes, des panneaux solaires, pour faire avancer les tracteurs produisant les biocarburants…

Certains affirment parfois que le nucléaire comme les renouvelables ne pourraient exister sans pétrole, puisque leurs construction, maintenance, démantèlement… nécessitent des camions, pelleteuses, grues et autres engins alimentés énergétiquement en pétrole. Le pétrole est en effet très pratique, mais ces engins pourraient être alimentés par des batteries électriques, du gaz de synthèse ou de l'hydrogène issu de l'électricité produite, par de l'air comprimé grâce à l'électricité… Leur autonomie serait moindre mais c'est possible, à condition de disposer de suffisamment d'électricité donc d'énergie. Il est donc fondamental de tenir compte du taux de retour énergétique.

L'économiste Victor Court résume très bien l'importance de l'EROEI : de même qu'« un prédateur a besoin d'obtenir d'une proie qu'il consomme beaucoup plus de calories qu'il n'en a dépensé pour la chasser », « c'est parce qu'ils généraient des surplus suffisants d'énergie avec une bonne efficacité (c'est-à-dire en peu de temps) que nos ancêtres pouvaient allouer leur temps restant à la construction d'abris, l'amélioration de l'organisation du camp, la protection des semblables, la socialisation, l'éducation, ou encore l'apport de soins aux enfants et la narration orale ». « La dissipation (c'est-à-dire la consommation) d'énergie pour les besoins les plus élevés, à savoir l'exécution des services sociaux et ultimement de l'art, n'est perçue comme une nécessité énergétique sociétale qu'une fois que tous les besoins en dessous d'eux ont été au moins en partie satisfaits » ; « l'accès à un besoin énergétique "supérieur" nécessite que la source d'énergie utilisée génère suffisamment de surplus énergétique » [Court].

Une source d'énergie n'a d'intérêt pour les êtres humains que si son EROEI est supérieur à un, c'est-à-dire si l'on récupère plus d'énergie qu'on en consomme pour l'obtenir. Étant donné les inévitables pertes et les infrastructures nécessaires, pour un accès correct à l'alimentation, il faudrait un EROEI de 5 ; pour le logement, il faudrait 7 ; pour un système éducatif, il faudrait 10 ; pour un système de santé, il faudrait 12, et pour l'accès à la culture et aux loisirs 14 [Thévard]. Pour vivre dans de bonnes conditions, il est donc absolument nécessaire de disposer de sources d'énergie dont l'EROEI soit élevé. Les économistes Victor Court et Florian Fizaine ont démontré qu'un EROEI minimum de 11 était requis pour un taux de croissance économique positif [Fizaine]. D'après le chercheur Jacques Treiner, l'EROEI moyen du système énergétique actuel est de l'ordre de 10 à 15 [Treiner SPS].

L'EROEI du pétrole était de plus de 100 au XIXe siècle, il est aujourd'hui inférieur à 20, voire inférieur à 4 pour le pétrole extrait des sables bitumineux. « On observe dans l'approvisionnement total une augmentation de la part des combustibles fossiles non conventionnels (pétrole extra-lourd, sables bitumineux, pétrole de roches mères, etc.) ayant des EROEI faibles » [Court]. Cette évolution importante devrait inquiéter sérieusement tous ceux qui pensent que les réserves de pétrole encore abondantes pourront être exploitées, et qu'il ne s'agit que d'un problème d'argent : exploiter certaines ressources énergétiques demandera tellement d'énergie que l'intérêt sera nul. Les êtres humains sont naturellement allés chercher d'abord les réserves les plus faciles à exploiter, c'est-à-dire celles qui nécessitaient le moins d'énergie. Même avec une production constante, l'énergie nette disponible pour les activités humaines diminue lorsque l'EROEI baisse.

Le taux de retour énergétique des biocarburants est clairement trop faible pour qu'ils soient intéressants, à peine supérieur à 1 dans toutes les études. On dépenserait donc autant de carburant pour faire fonctionner les tracteurs, camions qui transportent les récoltes, et les usines qui les transforment, que l'on en récupère à la fin. Utiliser certains biocarburants qui ont un EROEI inférieur à 1 revient donc à faire baisser les réserves de pétrole, et à aggraver le réchauffement climatique !

Il n'existe pas de consensus sur la manière de calculer l'EROEI, aussi les résultats diffèrent-ils beaucoup selon les études. J'ai renoncé à faire une synthèse des moyennes des calculs de différents auteurs tant leurs estimations varient. Je me contente donc de présenter, figure 42, les EROEI de différentes techniques de production d'électricité publiés dans deux articles scientifiques : l'un a été écrit par les universitaires anglais et italien Marco Raugei et Enrica Lecisi [Raugei], l'autre par l'Allemand D. Weissbach et d'autres chercheurs polonais, allemand et canadien [Weissbach]. Le premier article concerne le Royaume-Uni, le deuxième inclut les problèmes de stockage d'électricité.

On constate de grosses différences entre les deux études concernant le nucléaire, le charbon et le gaz. Le mauvais score du charbon au Royaume-Uni s'explique essentiellement par son transport sur de longues distances. Pour le nucléaire, sujet très polémique, les chiffres de ces deux études sont 30 et 75 ; dans d'autres ouvrages, ils vont de 5 à 100… L'hydroélectricité a, selon ces deux publications, mais aussi selon plusieurs autres auteurs, un très bon EROEI. Cette source d'énergie renouvelable a donc cet avantage supplémentaire, en plus de permettre du stockage d'énergie par pompage de l'eau.

L'EROEI du solaire photovoltaïque est très médiocre dans ces deux publications (1,6 et 3,3), inférieur à 10 dans toutes les études que j'ai pu voir, et l'est encore plus en prenant en compte l'impact du stockage souvent nécessaire de l'énergie produite. « Entre 2000 et 2009, le taux de croissance de l'énergie photovoltaïque dans le monde était de 35 %, donc le secteur du photovoltaïque (comme celui de l'éolien) a consommé beaucoup plus d'énergie (notamment fossile) qu'il n'en a mis à la disposition de la société » [Thévard]. De plus, si les panneaux photovoltaïques, d'une durée de vie limitée, sont produits dans des usines chinoises utilisant de l'électricité produite avec du charbon contenant plus de 550 g de CO_2 par kWh, et qu'ils servent à remplacer de l'électricité française contenant 80 g de CO_2 par kWh, alors le bilan carbone du photovoltaïque est plus que discutable. « Les sources d'énergie renouvelables ne peuvent pas (pour l'instant du moins) fournir autant d'énergie nette que ce à quoi les ressources fossiles nous ont habitués » [Court].

Le problème du taux de retour énergétique est à mon avis extrêmement important et largement sous-estimé dans les nombreux débats sur l'énergie qui se focalisent très vite sur les questions d'argent alors qu'il s'agit d'abord de problèmes physiques. Une technique comme celle des biocarburants peut être financièrement intéressante pour ceux qui l'exploitent par le biais d'un système complexe de taxes et de subventions ; elle n'est pas pour autant intéressante pour l'avenir des humains.

Figure 42 EROEI de différentes techniques de production d'électricité.

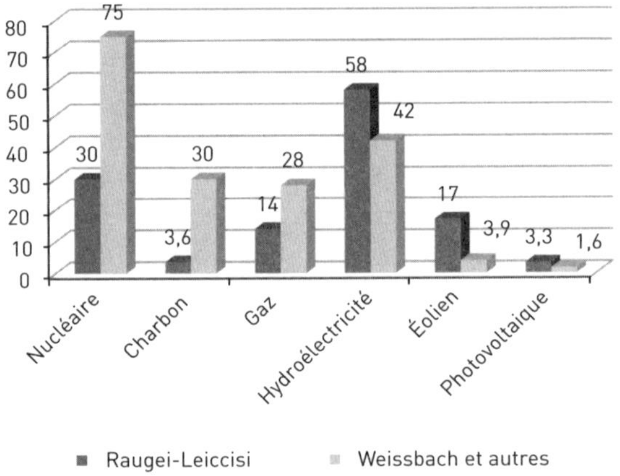

Source : selon [Raugei] et [Weissbach].

Le problème des autres ressources

Il n'y a pas que pour l'énergie que se pose la question de la finitude des ressources planétaires. Nos sociétés riches ont besoin de surfaces terrestres, d'eau, de sable, de minerai de fer, de cuivre, d'aluminium, de ciment, de résines, de néodyme, d'indium, de sélénium, de lithium… Il faut de l'énergie pour utiliser ces ressources minières, il faut des minerais pour construire les infrastructures énergétiques. Nous avons logiquement exploité d'abord les gisements de minerais les plus faciles à exploiter, c'est-à-dire ceux nécessitant le moins d'énergie. Il faut donc de plus en plus d'énergie pour aller chercher ces ressources, tandis que les énergies non fossiles nécessitent plus de métaux et autres ressources que les fossiles. « Il faut des métaux pour capter, convertir et exploiter les énergies renouvelables. Moins concentrées et plus intermittentes, elles produisent moins de kWh par unité de métal (cuivre, acier) mobilisée que les sources fossiles » [Bihouix mythe]. On cherche aujourd'hui à recycler, ce qui économise les ressources minières, mais la séparation des différents éléments de nos appareils est complexe, et souvent très énergivore ! « Pour produire, stocker, transporter l'électricité, même « verte », il faut quantité de métaux. Et il n'y a pas de loi de Moore (postulant le doublement de la densité des transistors tous les deux ans environ) dans le monde physique de l'énergie » [Bihouix mythe].

La Banque mondiale explique dans un rapport paru en juin 2017 [World Bank] que l'éolien, le solaire et le stockage par batteries nécessitent significativement plus de ressources que les systèmes basés sur les énergies fossiles. La demande de métaux pourrait doubler avec l'éolien et le solaire ; le stockage d'énergie par batteries pourrait faire grimper la demande en lithium de 1 000 % (!). La limitation de l'élévation de la température de la planète à 2 °C pourrait entraîner un doublement, voire pire, de la demande d'aluminium, de chrome, de cuivre, d'indium, de fer, de plomb, de nickel, d'argent, de zinc, de platine, de néodyme, de manganèse…

Les travaux de Olivier Vidal illustrent bien la problématique. Ce Français directeur de recherche au CNRS s'est spécialisé dans la modélisation des interactions entre matières premières et énergie. Il s'est particulièrement intéressé aux matériaux de base, béton, acier, aluminium et cuivre, qu'on ne peut pas remplacer. Dans son ouvrage « Mineral ressources and energy » [Vidal], il fait le point sur les matières premières nécessaires pour différents de mode de production d'électricité. Il estime que la future rareté potentielle ne se limite pas aux métaux rares qui font l'objet de beaucoup d'attention, mais aussi aux matériaux courants. Les graphiques suivants, tracés à partir de ses chiffres, donnent les quantités de béton, acier, aluminium et cuivre nécessaires pour produire une quantité d'énergie électrique. L'auteur distingue différents types de solaire photovoltaïque selon que les panneaux sont posés sur les toits, au sol, ou de manière optimisée avec un mécanisme de suivi du soleil. Il distingue également le solaire à concentration qui permet de produire de l'électricité sans recours à la technologie photovoltaïque, en faisant chauffer un fluide caloporteur.

Figure 43 Masses de béton nécessaires pour produire 1 MWh d'électricité, en kg/MWh.

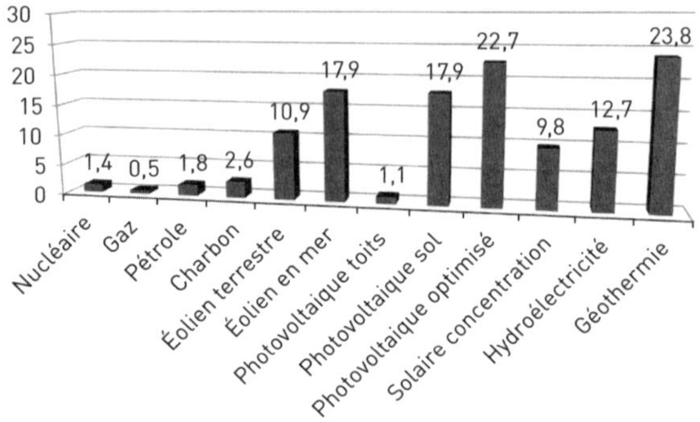

Source : d'après Olivier Vidal, *Mineral Resources and Energy*, chapitre 5 Average Material Intensity for Various Modes of Electricity Production, Elsevier, 2018, pp. 69-80.

Figure 44 Masses d'acier nécessaires pour produire 1 MWh d'électricité, en kg/MWh.

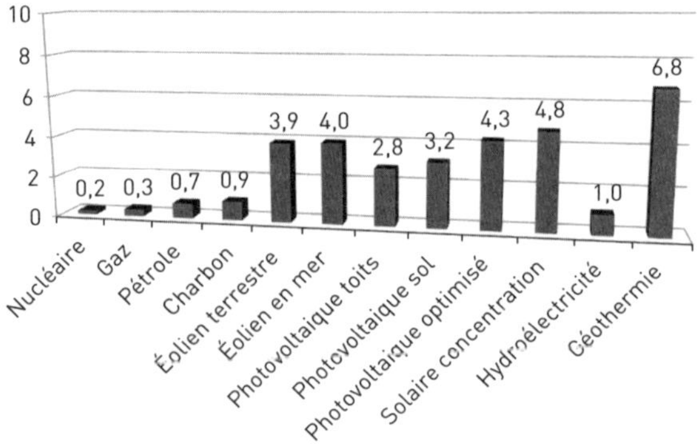

Source : d'après Olivier Vidal, *Mineral Resources and Energy*, chapitre 5 Average Material Intensity for Various Modes of Electricity Production, Elsevier, 2018, pp. 69-80.

Figure 45 Masses d'aluminium nécessaires pour produire 1 MWh d'électricité, en g/MWh.

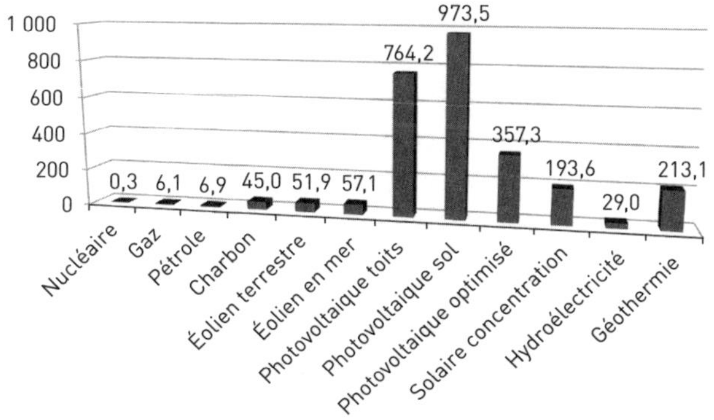

Source : d'après Olivier Vidal, *Mineral Resources and Energy*, chapitre 5 Average Material Intensity for Various Modes of Electricity Production, Elsevier, 2018, pp. 69-80.

Figure 46 Masses de cuivre nécessaires pour produire 1 MWh d'électricité, en g/MWh.

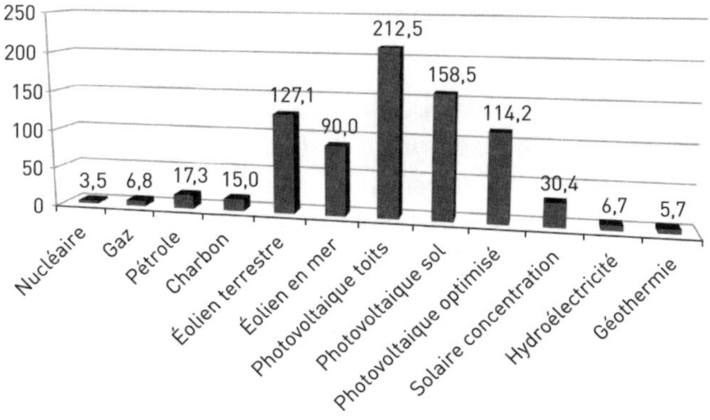

Source : d'après Olivier Vidal, *Mineral Resources and Energy*, chapitre 5 Average Material Intensity for Various Modes of Electricity Production, Elsevier, 2018, pp. 69-80.

Il ressort clairement que l'exploitation des énergies renouvelables utilise beaucoup plus de matériaux que les énergies fossiles et nucléaire. Olivier Vidal explique que « pour une puissance installée équivalente, les installations solaires et éoliennes nécessitent jusqu'à 15 fois plus de béton, 90 fois plus d'aluminium et 50 fois plus de fer, de cuivre et de verre que les combustibles fossiles ou l'énergie nucléaire », « d'ici 2050, il faudra six ou sept fois la production mondiale d'acier actuelle pour les seuls secteurs des énergies renouvelables », et que le passage aux énergies renouvelables remplacera des ressources non renouvelables (les énergies fossiles) par d'autres (les métaux et minerais). Il fait également remarquer que, les minerais se raréfiant, il faudra davantage d'énergie pour aller les chercher !

Guillaume Pitron, journaliste spécialiste de la géopolitique des matières premières, explique que la transition énergétique est fortement consommatrice de métaux rares utilisés dans les éoliennes, les panneaux photovoltaïques ou les moteurs électriques et que leur consommation est amenée à exploser. Dans son ouvrage « la guerre des métaux rares » [Pitron] il affirme qu'il faut toujours plus d'énergie pour les déterrer, que la production de ces métaux mobilise actuellement de 7 à 8 % de l'énergie mondiale, et que les limites de l'extraction minière ne sont pas quantitatives mais énergétiques. Il explique également que la consommation du lithium nécessaire aux batteries pourrait être multipliée par un facteur 180 entre 2013 et 2035 !

L'étude de Robert I. Mc Donald, Joseph Fargione & co, *Energy Sprawl or Energy Efficiency: Climate Policy Impacts on Natural Habitat for the United States of America* [Mc Donald], s'intéresse à l'impact sur l'utilisation des terres du développement de nouvelles sources d'énergie. Quatre des cinq auteurs de cette publication appartiennent à "The Nature Conservancy", un organisme environnemental à but non lucratif implanté aux États-Unis depuis 1951, le cinquième auteur est un universitaire. L'intensité d'utilisation des sols des différentes techniques de production d'énergie est donnée figure 47 en km^2 par térawattheure produit et par an.

La consommation d'espace par l'énergie éolienne est discutable dans la mesure où on peut cultiver les champs dans les zones impactées ; de même pour le photovoltaïque si les panneaux sont placés sur des toits. On constate l'énorme utilisation des sols induite par la biomasse, c'est-à-dire les végétaux. Les auteurs s'inquiètent de l'impact

Figure 47 Surfaces impactées par différentes techniques de production d'énergie, valeurs moyennes en km² par TWh par an.

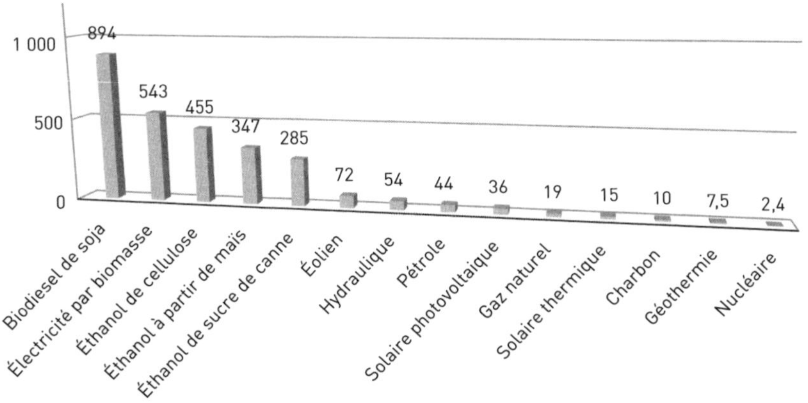

Source : d'après Robert I. McDonald, Joseph Fargione, Joe Kiesecker, William M. Miller, Jimmie Powell, *Energy Sprawl or Energy Efficiency: Climate Policy Impacts on Natural Habitat for the United States of America*, Plosone, August 2009, volume 4, Issue 8, [Mc Donald].

sur les forêts et prairies que pourrait entrainer une augmentation des cultures à vocation énergétique. Le nucléaire est, de loin, la technique nécessitant le moins de surface.

Mon avis est que les ressources en tous genres manqueront moins si l'on dispose de beaucoup d'énergie : avec elle, on peut pomper, dépolluer, recycler, on peut creuser toujours plus profond, aller chercher des minerais au fond de la mer, voire un jour dans l'espace ! Ce sera souvent difficile, cela risque d'impacter les écosystèmes, mais c'est possible si l'on dispose de beaucoup d'énergie. On en revient donc au fondamental taux de retour énergétique ! À l'heure actuelle, il me semble que seul le nucléaire, qui dispose d'un potentiel de production considérable, présente un bon EROEI et consomme relativement peu de matériaux par rapport à sa production, représente à long terme un réel espoir d'alternative aux énergies fossiles pouvant permettre aux humains des pays riches de maintenir leur niveau de vie.

7 Scénarios de transition énergétique

Plusieurs associations et organismes ont élaboré pour la France des scénarios de transition énergétique. J'ai étudié certains d'entre eux et essayé de les comparer.

Les scénarios Négawatt [Négawatt 2011] [Négawatt 2017]

Parmi les scénarios de transition énergétique français, Négawatt est sans doute le plus connu, élaboré par l'association du même nom. Il concerne la totalité de l'énergie consommée en France, et pas seulement l'électricité. Alors que les énergies renouvelables ne représentaient en 2018 que 11 % de nos besoins (en énergie primaire, 16 % en énergie finale), elles en couvriraient la quasi-totalité en 2050. La mise en œuvre de ce scénario permettrait donc de se passer à la fois des énergies fossiles et nucléaire. Les hypothèses publiées en 2018 [Négawatt hypothèses] permettent de mieux se rendre compte du niveau de difficulté d'un tel challenge.

Ce scénario supposerait des efforts considérables dans les énergies renouvelables, en particulier l'éolien et le photovoltaïque qui connaîtraient une croissance spectaculaire.

L'éolien devrait fournir 247 TWh en 2050 contre 28 TWh en 2018, 9 fois plus donc ! Cela supposerait environ 20 000 éoliennes terrestres et 4 000 éoliennes maritimes, contre environ 7 000 terrestres et aucune en mer actuellement. La puissance totale du parc installée devrait atteindre 77 GW contre 15 GW en 2019. La durée de vie de ces machines étant inférieure à 25 ans, il faudrait dans le futur au moins doubler le rythme actuel d'installation rien que pour maintenir les 77 GW de puissance installée.

Le photovoltaïque devrait fournir chaque 147 TWh contre 10 TWh en 2018 ; la puissance du parc photovoltaïque devrait pour cela passer de 8 à 140 GW ! Sachant que l'on a installé moins de 1 GW par an en moyenne ces 5 dernières années et que la durée de vie des panneaux ne dépasse pas trente ans (et moins d'une dizaine d'années pour l'électronique associée), il faudrait dans le futur un rythme d'installation annuel de presque 5 GW, soit plus de 5 fois le rythme actuel rien que pour maintenir la puissance installée de 140 GW ! Remarquons que l'Agence de l'Environnement et de la Maîtrise de l'Énergie prend pour hypothèse dans son rapport de 2019 [Ademe 2019] que la capacité solaire ne peut croître de plus de 3 GW par an, il faudrait ici presque le double.

Je ne suis pas sûr que les usines de fabrication d'éoliennes et de panneaux soient capables de cette production si tous les pays suivaient cette voie, ni qu'on arrive à disposer de suffisamment d'emplacements, de personnel qualifié.

Je ne suis pas sûr non plus qu'un tel développement du photovoltaïque soit très écologique compte tenu des impacts environnementaux non négligeables liés à la fabrication des panneaux, de son médiocre taux de retour énergétique (sa fabrication est fortement consommatrice d'énergie), et surtout de son incapacité à produire le soir lorsque la consommation est la plus élevée, donc de la nécessité d'autres systèmes.

Les problèmes d'intermittence (pas de production les soirs sans vent) seraient essentiellement réglés par la production et le stockage d'hydrogène et de méthane (« *Power to gas* »). Il faudrait donc des investissements considérables, sur lesquels Négawatt nous informe très peu, dans des usines de transformation de l'électricité en gaz, une technologie actuellement au stade expérimental (comment et où construire les usines, comment stocker le gaz ?). Négawatt compte également sur 18,3 TWh de stockage par STEP (station de transfert d'énergie par pompage) alors que le potentiel actuel en France est de moins de la moitié, et ne nous explique pas où construire les nouvelles immenses retenues d'eau nécessaires.

Mais l'essentiel n'est pas là. Malgré ces efforts très importants, il faudrait selon Négawatt réduire la demande en énergie primaire de 65 % alors que la population augmenterait de 15 %. Cette énorme réduction devrait venir de l'efficacité et de la sobriété énergétique. L'efficacité consiste à améliorer les techniques pour rendre les mêmes services en consommant moins; elle fait quasiment l'unanimité mais n'est pas pour autant facile à mettre en œuvre et ne contribuerait à la baisse qu'à hauteur de 40 %. L'essentiel viendrait de la sobriété énergétique qui consiste, selon Négawatt, à privilégier les usages les plus utiles, à « restreindre les plus extravagants et supprimer les plus nuisibles » ; de beaux débats en perspective pour juger ce qui est utile ou nuisible... Il faudrait accéder à moins de biens et de services, c'est-à-dire vivre de manière moins riche.

La consommation résidentielle et tertiaire diminuerait de 49 % grâce à une stabilisation du nombre d'habitants par foyer (moins de célibataires ?), un développement de l'habitat en petit collectif (faudra-t-il interdire de construire des maisons individuelles ?), un ralentissement de la croissance des constructions (le nombre de logements construits chaque année serait divisé par 3, leur surface baisserait de 25 %), l'optimisation des systèmes de chauffage et l'isolation des logements (que j'encourage).

Il faudrait, selon Négawatt, rénover chaque année jusqu'à 780 000 logements pour les amener à une consommation moyenne de 40 kWh/m^2 par an pour les besoins du chauffage. Est-ce possible ? La consommation moyenne des logements français est actuellement proche de 200 kWh par m^2, très loin de 40... En 2012, l'État français avait fixé l'objectif de rénover 500 000 logements chaque année, un objectif qualifié dans le journal *Le Monde* du 4 juin 2014 de « définitivement hors d'atteinte ». La loi relative à la transition énergétique pour la croissance verte adoptée en 2015 prévoyait également, sans préciser d'objectif de consommation, 500 000 rénovations par an, objectif non atteint puisqu'on en rénove moins de 300 000 chaque année. Le plan Hulot de 2018 en prévoit lui aussi 500 000, un objectif bien inférieur aux 780 000 de Négawatt. Et rénover un logement ne signifie pas que sa consommation atteigne un niveau suffisamment bas : on peut gagner beaucoup sur des logements mal isolés, passer par exemple de 300 à 150 kWh/m² par an, mais il est très difficile dans l'ancien de descendre en dessous de 50. D'après le CLER (Comité de liaison pour les énergies renouvelables, devenu Réseau pour la transition énergétique), sur les 300 000 rénovations de logements effectuées en 2018, seules 40 000 ont permis d'atteindre le niveau « basse consommation ».

Ces considérations m'amènent à penser que l'objectif de Négawatt est extrêmement optimiste. Un point crucial, puisque le chauffage représente environ 80 % de la dépense d'énergie des bâtiments, et que ceux-ci représentent le premier secteur de dépense énergétique français (le chauffage représente plus d'un tiers de l'énergie finale consommée en France). Je pense que la consommation d'énergie pour le chauffage atteindra une moyenne de 40 kWh/m² par an quand l'énergie manquera et que les habitants auront froid.

Dans les transports, le nombre de kilomètres parcourus par personne chaque année diminuerait de 26 %, ce qui irait à l'encontre de l'évolution que nous connaissons depuis toujours. Ainsi il y aurait moitié moins de déplacements de plus de 1 500 km, il n'y aurait plus de vols intérieurs, les vols internationaux diminueraient d'un tiers. L'usage de la voiture individuelle telle que nous la connaissons actuellement diminuerait de moitié dans les campagnes et serait exclu dans les grandes villes. Le taux de remplissage des voitures individuelles dans les campagnes devrait augmenter de 50 % avec une moyenne de 2,4 personnes par véhicule contre 1,59 actuellement. Le transport des marchandises diminuerait de 17 %.

Se déplacer moins, ça n'est pas seulement moins partir en vacances, c'est aussi moins voir sa famille et ses amis, avoir moins d'échanges avec les étrangers, avoir plus de difficultés à travailler, à se fournir en nourriture et matériaux de construction…

La consommation énergétique de l'industrie diminuerait grâce à un gain en efficacité et à une baisse des besoins en matériaux : – 26 % d'acier, – 35 % de plastique, – 39 % de ciment, – 41 % de verre. Cette baisse signifie une diminution de la consommation de produits manufacturés s'inscrivant dans une économie décroissante que bien peu de politiques souhaitent, avec probablement de nouvelles fermetures d'usines en perspective…

Entre autres réjouissances, on peut noter également :

- baisse de 29 % de la quantité d'eau chaude consommée par personne,
- baisse de 22 % du nombre de cycles de lave-linge,
- baisse de 18 % du nombre de cycles de lave-vaisselle,
- baisse de 18 % du taux d'équipement en sèche-linge,
- baisse de moitié du taux d'équipement en congélateur,
- baisse de 33 % de l'usage du fer à repasser,
- passage de 8 à 5 heures d'éclairage par jour dans le tertiaire,
- disparition des consoles de jeux,
- baisse d'un tiers du nombre d'écrans par foyer,
- division par 3 du nombre d'ordinateur par foyer,
- division par 2 du nombre de lecteurs musicaux.

Le scénario Greenpeace [Greenpeace 2013]

Greenpeace propose un scénario assez proche de celui de Négawatt, dans lequel, en 2050, la demande d'énergie primaire diminuerait de 63 % et celle d'énergie finale de 52 %. Les énergies renouvelables satisferaient alors 92 % des besoins, le nucléaire aurait disparu mais pas les fossiles. La réduction de nos besoins proviendrait de transports plus efficaces, d'une baisse des distances parcourues, de l'isolation des logements, d'appareils plus efficaces…

D'une manière générale, je constate que les changements proposés par Négawatt et Greenpeace auraient des conséquences considérables et peu réjouissantes sur nos modes de vie, et je vois mal comment une vaste prise de conscience collective des enjeux environnementaux pourrait les imposer dans la joie et la bonne humeur. Virage Énergie, une association proche de Négawatt, propose une baisse de 70 % de la consommation de vêtements, de 50 % des produits de ménage, de 50 % des cosmétiques et produits de toilette, de 50 % des sèche-linge, lave-vaisselle, congélateurs, équipements audiovisuels, une baisse de 50 % de la taille des réfrigérateurs, l'utilisation de lave-linge collectifs, une baisse de la température de confort des logements, de la taille des logements, une réduction du tourisme longue distance et des voyages en avion, une baisse des hébergements en hôtels… On peut se demander si les changements préconisés sont compatibles avec la démocratie : ils impliquent, en effet, des mutations de mode de vie si importantes qu'il est possible qu'il faille les imposer par la force. Il est probable qu'une forte sélection se fera par l'argent : ceux ayant les moyens continuant à vivre dans le confort, les pauvres devant se débrouiller et avoir une vie plus dure. Certes, la baisse inéluctable de la disponibilité des énergies fossiles forcera tôt ou tard les humains à consommer moins, et l'intérêt de ces scénarios est de les y préparer. Toutefois, je leur reproche de présenter de manière édulcorée les énormes difficultés humaines de la baisse drastique de la consommation d'énergie qu'ils nécessitent, et de vouloir à tout prix sortir du nucléaire. Il est probable que l'objectif de certains membres de ces associations soit avant tout de montrer qu'il est possible de se passer du nucléaire sans grandes conséquences. Comme on ne peut décemment compter sur les énergies fossiles ni affirmer que les renouvelables seront suffisantes, il ne reste alors comme solution que d'affirmer que la baisse de la consommation n'est pas un problème. Je crains que cette baisse soit si difficile que les humains continueront à consommer goulûment les énergies fossiles tant leur production est aisée et leur apport important.

L'étude de BL évolution sur une trajectoire compatible 1,5° [BL]

BL évolution est une société française de conseils en développement durable. Elle a publié début 2019 une étude montrant une trajectoire pour la France compatible avec une limitation du réchauffement climatique à 1,5°. L'objectif est d'aider à comprendre l'ampleur des efforts à réaliser pour que l'empreinte carbone de la France ait diminué des deux tiers en 2030.

Les auteurs de l'étude ayant choisi l'hypothèse de la fermeture de 20 GW de nucléaire d'ici 2030 (sur 63 GW existant en 2019), les nécessaires baisses de consommation d'énergie fossile ne pouvant pas

être compensées par l'augmentation de la production des renouvelables, les mesures à prendre sont drastiques. Quelques exemples :
- interdiction de construction de nouvelles maisons individuelles,
- diminution de 2 °C de la température moyenne des logements,
- coupure des chauffages non décarbonés entre 22 h et 6 h,
- réduction de 20 % de l'espace utilisé par personne,
- taxation progressive de l'électricité,
- interdiction de construction de nouvelles surfaces tertiaires,
- interdiction à la vente de véhicules utilitaires légers thermiques,
- suppression des lignes d'avion internes disposant d'une alternative par la route ou le fer en moins de 4 heures,
- interdiction des poids lourds dans les zones urbaines,
- limitation à 110 km/h de la vitesse sur autoroute,
- interdiction de commercialiser un véhicule dont la consommation est supérieure à 4 l/100 km en 2020 ; 3 l/100 km en 2023 et 2 l/100 km en 2027,
- interdiction des véhicules thermiques en centre urbain,
- interdiction de tout vol hors Europe non justifié,
- interdiction à la vente de téléviseur de plus de 40 pouces (102 cm),
- interdiction des publicités en ligne intégrés aux sites internet,
- limitation à 1 kg de vêtements neufs mis par an et par personne.

Lucides, les auteurs indiquent que leur scénario est peu réaliste, que la mondialisation de l'économie rend impossible de respecter les objectifs si tous les pays n'enclenchent pas un basculement aussi important, qu'une trajectoire compatible avec un réchauffement climatique limité à 1,5 °C est très improbable. Ces précisions honnêtes tranchent avec l'optimisme des scénarios de Négawatt et Greenpeace.

La Troisième Révolution industrielle [Rifkin]

La troisième révolution industrielle est une théorie de l'économiste américain Jeremy Rifkin. Elle repose sur les énergies renouvelables, les bâtiments producteurs d'énergie, le stockage d'énergie dans les bâtiments, les échanges d'énergie via un réseau intelligent et les véhicules électriques. D'une manière générale, Jeremy Rifkin prétend que la société va ainsi pouvoir continuer à dépenser de l'énergie sans compter. Jamais dans son ouvrage il ne quantifie les potentiels de ces techniques pour les comparer à nos besoins ; jamais il ne parle de l'efficacité énergétique qui fait pourtant l'unanimité. Compter sur des éoliennes et des panneaux solaires placés sur les bâtiments pour produire toute notre énergie est une complète utopie. Jeremy Rifkin est d'ailleurs critiqué aussi bien par des pro-nucléaires que par des anti, par des croissancistes que par des décroissancistes [Bellal] [Gadrey blog]. Il plaît à certains politiques parce qu'il est optimiste et fait rêver, mais ses théories sont irréalistes.

Le master plan de troisième révolution industrielle de la région Nord-Pas-de-Calais [Master TRI] dévoilé en octobre 2013 s'inspire (malheureusement) des théories de Rifkin ; il a été repris par la nouvelle région des Hauts-de-France. Je me suis réjoui que ma région ait pris au sérieux le problème de l'énergie, mais je n'ai pas compris qu'on soit allé chercher un économiste utopiste américain plutôt qu'un ingénieur comprenant ces problèmes avant tout techniques et scientifiques. Le master plan a heureusement introduit l'efficacité énergétique et l'économie circulaire (le recyclage), des notions absentes du livre de Rifkin sur la troisième révolution industrielle. Le thème de la sobriété énergétique n'ayant pas fait l'unanimité au conseil régional (définir ce qui relève du gaspillage n'est pas une mince affaire, la sobriété impliquant probablement la décroissance), il est absent du plan qui prévoit une baisse de 60 % de la consommation d'énergie à service rendu égal, c'est-à-dire en comptant uniquement sur l'efficacité énergétique. Cela paraît plus qu'ambitieux vis-à-vis des autres scénarios, d'autant plus qu'il est prévu en même temps une forte hausse du produit intérieur brut (+ 47 %), donc de l'activité. À ma connaissance, ce scénario est le seul à prétendre qu'une baisse de la consommation d'énergie peut être compatible avec une hausse du PIB. L'idée est que la gratuité des énergies renouvelables permettra de dépenser son argent ailleurs que dans l'énergie et donc d'alimenter l'économie. Je doute que les énergies renouvelables soient un jour vraiment gratuites (le pétrole, le charbon et le gaz ont été, comme le soleil et le vent, gratuitement mis à disposition des humains par la nature, et n'ont jamais été gratuits pour les consommateurs). Si c'était le cas, cela n'encouragerait certainement pas une diminution de la consommation. Je pense que la hausse du

PIB signifie forcément une augmentation des échanges de biens et de services, donc de l'activité humaine et donc de l'énergie nécessaire. Ce scénario a pour ambition d'atteindre 100 % d'énergies renouvelables en 2050, mais aucun détail technique ne précise par quel miracle : les potentiels de production de chaque énergie renouvelable, ou d'économies d'énergie secteur par secteur, ne sont pas quantifiés dans ce master plan. Cette opération a eu le mérite de favoriser la prise de conscience de l'importance du problème énergétique à travers une importante communication dans le nord de la France. Elle incite à des activités de recherche et d'enseignement en lien avec l'énergie, et favorise certaines actions positives autour, par exemple, de l'efficacité énergétique ou du biogaz. Six ans après son lancement il est sans doute un peu tôt pour effectuer un premier bilan de l'opération. En tout cas la consommation énergétique des Hauts de France a légèrement augmenté entre 2014 et 2017 (+ 1,3 %), essentiellement sous l'effet du secteur résidentiel. Les émissions de gaz à effet de serre de la région ont augmenté de 7 % entre 2013 et 2017.

Les scénarios de l'Ademe [Ademe 2013]

L'Agence de l'environnement et de la maîtrise de l'énergie a publié en 2013 des scénarios pour 2030 et 2050 dans une étude intitulée *Contribution de l'Ademe à l'élaboration de visions énergétiques 2030-2050. Synthèse avec évaluation macroéconomique*. Dans le but de diviser par quatre les rejets de gaz à effet de serre en 2050, elle préconise dans son scénario « médian » une baisse de 47 % de la consommation d'énergie finale. Les énergies renouvelables fourniraient alors 55 % des besoins, le reste étant assuré par le pétrole, le gaz et le nucléaire. Ces dernières auraient donc un rôle non négligeable. Le tableau ci-dessous est extrait du rapport de l'Ademe, il donne des fourchettes de sources énergétiques primaires en 2050 selon trois scénarios accordant une place différente au nucléaire. On constate que les principales sources d'énergie primaire seraient, par ordre d'importance : le nucléaire, le bois (dont la combustion n'est pas exempte de pollution et d'impacts sur la santé), l'éolien, le gaz naturel (fossile) et le biogaz. Certes, le nucléaire ayant un assez mauvais rendement, cette présentation en énergie primaire lui donne une importance exagérée, mais tout de même cette énergie garderait un rôle important.

		Minimum	Maximum
RENOUVELABLES	Combustibles solides biosourcés	199	199
	Éolien	106	162
	Biogaz	102	102
	Géothermie	59	70
	Hydroélectricité	50	67
	Photovoltaïque	42	70
	Matière hors bois pour biocarburants	65	65
	Calories air	28	28
	Solaire thermique	21	21
	Déchets	15	15
	Énergies marines	6	45
	Total renouvelables	**693**	**844**
NUCLÉAIRE ET FOSSILES	Nucléaire	251	670
	Gaz naturel	138	138
	Pétrole	69	69
	Charbon	47	47
	Déchets	16	16
	Total nucléaire et fossiles	**521**	**940**

Sources énergétiques primaires 2050, en TWh. Scénarios Ademe [Ademe 2013].

L'Ademe a publié en 2017 une actualisation de ces études [Ademe 2017]. Elle y présente trois scénarios. Aucun ne permet de sortir des énergies fossiles et nucléaire qui représenteraient toujours au moins 31 % de l'énergie finale, les renouvelables représentant de 46 % à 69 % selon la part du nucléaire.

Dans les trois cas une baisse de 45 % de la consommation est nécessaire. Elle impliquerait, par exemple, la rénovation de 750 000 logements par an à partir de 2030, une baisse de la construction de logements neufs, une baisse de leur surface, le développement de l'habitat partagé, des comportements plus sobres, des appareils plus efficaces, du co-voiturage, de l'auto-partage, du télétravail, des véhicules plus performants et plus légers alimentés à l'électricité ou au gaz, une baisse de 24 % de la mobilité, le développement du transport des marchandises par voies ferrées et fluviales, une baisse de la consommation de viande, une optimisation des activités industrielles... Un programme ambitieux !

Parmi les trois scénarios, celui qui fait le moins appel au nucléaire et aux fossiles nécessite la mise en place d'importantes infrastructures de stockage d'énergie (par STEP et Power to gas) dont on connaît la complexité.

L'Ademe n'envisageant pas d'augmentation de l'électricité d'origine nucléaire, le gaz naturel aurait un rôle important. En conséquence les émissions de gaz à effet de serre seraient réduites de 72 % au maximum, le facteur 4 ne serait donc pas tout à fait atteint.

L'Agence nationale pour la coordination de la recherche pour l'énergie [Ancre]

L'Ancre coordonne des organismes publics nationaux de recherche. Elle a publié en 2013 trois scénarios permettant de diviser par quatre les rejets de CO_2 : tout en développant largement les énergies renouvelables et sans sortir du nucléaire, les baisses de consommation d'énergie finale iraient de 27 à 41 % grâce à des efforts soutenus d'efficacité énergétique. L'Ancre souligne que le facteur 4 ne pourra être atteint qu'avec des efforts importants et le recours à des technologies de rupture (stockage du CO_2, stockage électrique, cogénération nucléaire…).

Les scénarios Négatep [Négatep]

Les scénarios Négatep ont été écrits par des membres de l'association « Sauvons le climat », en particulier Claude Acket et Pierre Bacher. Leur objectif est la lutte contre le réchauffement climatique grâce aux économies d'énergie (permises par l'efficacité et la sobriété) et au remplacement partiel des fossiles par du nucléaire et des renouvelables.

Plusieurs versions existent depuis 2007, la dernière date de 2017. Elle prévoit pour 2050 une division par quatre de la consommation d'énergies fossiles malgré une baisse raisonnable de seulement 20 % environ de la consommation d'énergie finale par rapport à 2015. Les énergies fossiles seraient très largement remplacées par les énergies renouvelables (+ 45 % pour les renouvelables électriques, + 135 % pour les renouvelables thermiques) et nucléaire (+ 57 %). La production d'électricité augmenterait de 55 %. Les véhicules électriques et les systèmes de chauffage par pompe à chaleur électrique seraient largement développés. Ce scénario préconise donc d'augmenter considérablement le rôle de l'électricité, puisqu'elle peut être produite sans émissions de CO_2, en particulier avec le nucléaire. Cela impliquerait la construction de nouveaux réacteurs nucléaires plus puissants de type EPR au fur et à mesure de la fermeture de ceux arrivant en fin de vie. Certes, la construction d'un réacteur nucléaire est complexe, nous avons tous en tête les problèmes de l'EPR de Flamanville. Mais la France a été capable de construire en vingt-six ans les cinquante-huit réacteurs en service en 2019 ; il doit donc bien être possible d'en construire d'autres. L'EPR de Flamanville est une tête de série employant des technologies très différentes de celles des réacteurs précédents. On peut espérer que les EPR suivants bénéficieront d'un effet de série comme cela a été le cas dans les années 70-80. On a surtout été prétentieux en annonçant la construction de ce nouveau réacteur en moins de 5 ans alors qu'il a fallu entre 8 et 13 ans pour raccorder au réseau toutes les têtes de série française. [Foos]. D'ailleurs deux EPR fonctionnent en Chine à Taishan (l'un a ouvert en 2018, l'autre en 2019). Il faudrait en France, selon Négatep, une puissance nucléaire installée de 100 GW (contre 63 GW en 2019) pouvant être obtenue avec 64 EPR. Si l'on considère que la durée de vie d'un réacteur est de 60 ans, il faudrait donc, en « rythme de croisière », être capable d'ouvrir un réacteur chaque année. Ce rythme paraît envisageable puisqu'on a mis en service en France en moyenne quatre réacteurs par an dans les années 80. Toutefois, compte tenu de la fermeture des réacteurs actuels qui arrivent bientôt en fin de vie et des gros délais d'études et de construction, une puissance nucléaire installée de 100 GW en France en 2050 me paraît extrêmement improbable.

Le scénario Négatep fait, bien sûr, hurler les antinucléaires, qui accusent l'association « Sauvons le climat » de vouloir sauver le nucléaire. Il me semble que les membres de cette association connaissent bien la problématique complexe de la production d'électricité, en particulier l'équilibre du réseau. Ils connaissent également bien le nucléaire et considèrent que cette énergie constitue un atout important pour le futur. C'est donc en toute logique qu'ils préconisent d'accroître son rôle au côté des renouvelables afin de sortir des énergies fossiles.

Ces scénarios et d'autres ont été étudiés lors du débat national sur la transition énergétique organisé en 2012 et 2013 par le ministère de l'Écologie, du Développement durable et de l'Énergie. Les conclusions ont fait apparaître quatre trajectoires avec des baisses de consommation d'énergie finale allant de 17 à 50 % en 2050. L'objectif voté en 2015 est la diminution de 50 % en 2050. Je ne suis pas sûr que les politiques ayant voté cet objectif soient tous bien conscients des liens entre énergie et économie. Cet objectif a été repris dans la Programmation Pluriannuelle de l'Énergie et dans la loi Énergie-Climat de 2019.

On constate qu'aucun scénario français ne prétend qu'il soit possible de remplacer les énergies fossiles et nucléaire par des renouvelables sans beaucoup diminuer la consommation.

Au regard de ces différents scénarios concernant tout le système énergétique français, il semble que le potentiel de production des énergies renouvelables représente, avec les technologies actuelles, moins de la moitié de la consommation d'énergie française. Tous les scénarios préconisent une baisse importante de la consommation d'énergie malgré une hausse de la population. Tous ces scénarios reposent en grande partie sur l'efficacité énergétique dont l'importance est donc cruciale.

Les deux scénarios suivants ne concernent que l'électricité, en France.

L'étude de l'Ademe *Un mix électrique 100 % renouvelable* [Ademe 2015] [Ademe 2018]

Au printemps 2015, des journalistes révélaient un rapport de l'Ademe soi-disant explosif dont la diffusion aurait été empêchée par les lobbys, rapport montrant la possibilité de se passer à la fois du nucléaire et des fossiles pour les remplacer par des renouvelables. On se demande bien pourquoi l'Ademe, que personne ne prétend être à la solde des lobbys, aurait commandé une telle étude pour la cacher ensuite. Le rapport terminé est finalement paru tout à fait officiellement à l'automne 2015 [Ademe 2015]. Certains journalistes et politiques en ont conclu hâtivement que les énergies renouvelables pouvaient sans problème remplacer les fossiles et le nucléaire. Une nouvelle version, précisant en particulier les aspects économiques, est parue fin 2018 [Ademe 2018].

S'il n'y a qu'une seule chose à retenir de cette étude (qui n'est pas un scénario de transition), c'est qu'elle ne concerne pas toute l'énergie, mais seulement l'électricité (qui représente moins du quart de la consommation d'énergie française). Elle considère l'utilisation de bois ou de biogaz pour produire de l'électricité, ces sources d'énergie seraient alors moins disponibles pour le chauffage. Elle ne s'interroge pas sur la façon de remplacer (éventuellement par de l'électricité) le chauffage au fuel ou au gaz des bâtiments, sur les procédés industriels qui fonctionnent avec ces énergies, ni sur la majeure partie des transports marchant au pétrole. Tel n'était pas l'objectif de ce travail « à caractère prospectif et exploratoire ».

Cette étude compte sur un fort développement du solaire et un très fort développement de l'éolien. Leur production étant très variable selon la météo, les auteurs se sont interrogés sur les dispositifs de stockage d'énergie et d'effacement à mettre en œuvre. Un travail très complexe que je n'ai pas la prétention de remettre en question (mais d'autres l'ont fait). Toutefois, il me semble que l'enthousiasme qu'a suscité cette étude peut être modéré, car elle considère dans son scénario « de référence » :

- une consommation d'électricité en baisse à 422 TWh par an contre environ 440 TWh (consommation nette) en 2018 ; et cela malgré dix millions de véhicules électriques (sur environ quarante millions de véhicules en France). La consommation de ces dix millions de véhicules représentant au moins 30 TWh par an, il resterait pour les usages actuels moins de 392 TWh, donc une baisse de 11 % par rapport à la consommation actuelle de 440 TWh. La consommation résidentielle diminuerait de 29,5 %, la consommation industrielle de 23,5 %. La population devant augmenter dans le futur, certains systèmes polluants au fuel ou au gaz pouvant être remplacés par des systèmes électriques, la prévision d'une consommation en baisse de 11 % est assez optimiste (la consommation française d'électricité est stable depuis 2008, elle ne baisse pas ou très peu) ;
- des moments où il faudrait importer de l'électricité depuis l'étranger, pas forcément produite par des renouvelables : 35 TWh seraient importés d'origine non renouvelable, l'Ademe écrit même que « la majorité des imports exploite la flexibilité fossile des systèmes électriques des voisins » !
- un stockage par batterie dont le bilan environnemental est médiocre. Il faudrait plusieurs millions de tonnes de batteries dont la durée de vie est limitée ;
- une augmentation du nombre de STEP (lacs artificiels, barrages) sans qu'il soit précisé où construire de nouvelles immenses retenues d'eau. Rappelons la forte opposition qu'a rencontrée la construction du barrage de Sivens ;
- un important stockage par « *power to gas* », technique permettant de transformer de l'électricité en gaz (hydrogène ou méthane), puis en électricité. Cette technique est sans doute prometteuse, mais encore balbutiante et sans réel retour d'expérience. Compter lar-

gement dessus est donc assez ambitieux. On a peu d'informations dans l'étude sur les infrastructures à construire et les contraintes éventuelles ;

- un énorme développement de l'éolien, dont la production serait de 303 TWh par an alors qu'elle ne dépasse pas 200 TWh dans l'étude Ademe toutes énergies de 2017 [Ademe 2017] ; je suis surpris de l'écart. La production éolienne ayant été en France de 28 TWh en 2018, il faudrait au moins dix fois plus d'éoliennes ;
- un facteur de charge optimiste de l'éolien terrestre de 31 % alors qu'il n'est actuellement en moyenne en France que de 21 %, obtenu grâce à des éoliennes de nouvelle génération (le facteur de charge est le rapport entre la puissance moyenne réelle et la puissance installée, il tient compte du vent réel) ;
- une puissance éolienne installée de 96 GW contre 15 en 2018. On a installé en France environ 1,5 GW par an ces dernières années et la durée de vie d'une éolienne est probablement inférieure à vingt-cinq ans. Il faudrait donc, en vitesse de croisière, tripler la cadence d'installation, donc disposer de trois fois plus de capacités de fabrication, de personnels qualifiés, de grues... ;
- d'importants reports de consommation (60 TWh) des usines, de chauffage des maisons, de chauffage de l'eau ou d'usage d'appareils électroménagers. Il faudrait, essentiellement en fonction du vent et du soleil, parfois différer dans le temps leur mise en marche lorsque la production ne suffit pas. Ainsi l'Ademe considère que sont « flexibles » 55 % des consommations industrielles, 56 % des consommations d'électroménager, 75 % du chauffage, et 80 % des recharges de véhicules électriques. Cet aspect me paraît fondamental : si l'on n'accepte de ne consommer de l'électricité que lorsque le vent souffle, effectivement l'éolien est plus pertinent ! J'ai du mal à imaginer que l'on pourra tant « reporter » le fonctionnement des machines des usines et les chauffages. Les usagers de véhicules électriques accepteront-ils d'attendre pour se recharger au risque d'avoir une batterie insuffisamment chargée au moment de partir ? Les industriels pourront-ils différer leurs productions ? En tout cas il s'agit d'une tendance vers un moindre confort, puisqu'il faudrait parfois décaler les horaires de travail des salariés, éviter de chauffer

son logement lorsqu'il fait froid, de faire la cuisine lorsqu'on a faim… ;

- un ajustement offre-demande modélisé trop peu finement (heure par heure), les auteurs soulignant eux-mêmes que la gestion de la stabilité du réseau électrique n'est pas traitée dans l'étude. En effet l'ajustement permanent des puissances consommées et produites nécessite des boucles de régulation très complexes actuellement facilités par l'énorme inertie des masses tournantes des gros alternateurs [Sapy]. Personne ne sait à l'heure actuelle si un réseau largement alimenté par l'intermédiaire de la nécessaire électronique (placée entre les panneaux solaires, éoliennes, batteries et les lignes de transport) serait capable de fournir les appels de courant nécessaires, par exemple, au démarrage d'un TGV. Les spécialistes estiment que « maîtriser la sécurité d'un tel système nécessite de nouvelles solutions dont le fonctionnement technique et le passage à l'échelle reste à valider » [Systèmes]. L'Ademe indique d'ailleurs que « des analyses supplémentaires seraient nécessaires pour approfondir cet aspect du système électrique ».

La principale conclusion que je tire de ce rapport est qu'il serait très difficile d'avoir en France un mix électrique 100 % renouvelables.

Les ingénieurs et physiciens Dominique Grand, Christian Le Brun, Roland Vidil ont analysé finement cette étude : dans un article publié en mai 2016 dans *la Revue de l'énergie* [Grand], ils en concluent que « la puissance totale installée, nécessaire pour assurer la réalisation du mix, représenterait plus du double de la valeur actuelle », que « l'apport du gaz issu de la méthanisation est insuffisant pour combler le manque de production », que « des combustibles fossiles doivent être brûlés » et que « le scénario 100 % renouvelables émet des gaz à effet de serre dans une proportion égale au mix actuel en première approximation ».

Dominique Finon, chercheur en économie et spécialiste de l'énergie, qualifie de « très optimistes » les hypothèses de l'Ademe sur l'amélioration de l'efficacité énergétique et « d'héroïques » les hypothèses économiques. Il remarque que la puissance d'effacements est au moins de 60 GW dans le scénario alors qu'elle n'était que de 2 GW en France en 2018 et que RTE l'estime au maximum à 9 GW en 2030. Il note également qu'il faudrait un triplement des capacités d'interconnexion, c'est-à-dire des lignes électriques aux frontières [Finon SPS].

L'académie des Technologies, société savante française dont le but est d'éclairer la société sur le meilleur usage des technologies, affirmait en décembre 2018 que « les conclusions de l'étude de l'Ademe doivent être prises avec la plus grande prudence » et « ne devraient en aucun cas servir de base à des décisions de politique publique » [Académie].

Sylvain Lassonde conclut dans sa thèse de Doctorat sur le thème « Potentiels et limites météorologiques et climatiques d'un foisonnement des énergies renouvelables » : « nous avons également montré que les évènements dimensionnant les importants volumes d'énergie stockée correspondent à des périodes qui n'ont pas été étudiées par les autres études comme l'Ademe » et estime que cet organisme n'a pas considéré la climatologie sur une assez longue période [Lassonde].

Mon impression est qu'on a absolument voulu montrer par A+B qu'une sortie du nucléaire est possible sans utiliser d'énergies fossiles et qu'on a choisi les hypothèses permettant d'arriver à la conclusion désirée. Il est clair que l'Ademe n'est pas dirigée par le lobby nucléaire…

Indépendamment des problèmes d'intermittence et de stockage, l'étude de l'Ademe affirme que le productible maximal théorique des renouvelables est, en France, de 1 268 TWh tout en précisant que « rien ne garantit l'adéquation, à chaque instant, entre production et demande ». Ce chiffre ne signifie donc pas que l'on puisse disposer de toute cette énergie : il faut lui soustraire les inévitables pertes de transport et de stockage, et surtout ce que l'on ne serait pas capable de stocker. Ce chiffre, bien que paraissant assez optimiste au regard des scénarios précédents, reste nettement inférieur à la consommation d'énergie française (presque 1 800 TWh en énergie finale en 2018, plus de 3 000 TWh en énergie primaire) et ne fait que confirmer les conclusions précédentes : **il faudrait considérablement diminuer notre consommation d'énergie pour sortir des fossiles et du nucléaire**.

Les scénarios de RTE 50 % de nucléaire [RTE BP 2017]

La loi de transition énergétique pour la croissance verte de 2015 spécifiant que la part du nucléaire dans la production d'électricité doit descendre à 50 % en 2025, le service public RTE (Réseau de Transport de l'Électricité) a publié en novembre 2017 plusieurs scénarios permettant de se rendre compte de la difficulté de l'objectif. Le scénario baptisé « Ohm » montrant qu'il aurait fallu une augmentation de la production d'électricité au gaz, donc des émissions de CO_2, l'objectif a été reporté à 2035. Les scénarios baptisés Ampère, Volt, Hertz, et Watt concernent cet objectif. Ils prévoient essentiellement de remplacer une partie du parc nucléaire par des éoliennes et panneaux solaires comme le montre le tableau qui suit en comparant à l'année de référence 2016. L'électricité se stockant difficilement, on doit adapter en permanence la production à la consommation grâce à des moyens pilotables réglables (nucléaire, fossile, hydraulique, biomasse). Les remplacer par des moyens dont la production dépend du vent et du soleil est un réel challenge. Cela nécessite de les multiplier. Ainsi RTE considère pouvoir compter la plupart du temps sur 10 % de la puissance éolienne installée. Cela signifie grossièrement qu'il faut installer dix éoliennes pour espérer avoir en permanence au moins la puissance d'une seule.

Le plus commenté des scénarios est Ampère. Il prévoit une production d'électricité à 46 % nucléaire, 50 % renouvelable et 4 % fossile. Analysons comment.

- La production d'électricité augmenterait de 20 % malgré une stagnation de la consommation. En effet l'objectif est 50 % de la production d'origine nucléaire, et non 50 % de la consommation. En augmentant les exportations, la production nucléaire représenterait encore 61 % de la consommation française mais moins de 50 % de la production. Certains y voient l'influence du lobby nucléaire qui aurait trouvé là un moyen de fermer le moins possible de réacteurs. Mais l'irrégularité de la production éolienne et solaire nécessitant de multiplier les moyens de production pour en avoir toujours un minimum quand il y a peu de vent/soleil, il y aurait des moments où elle serait trop importante et devrait donc être exportée. Ainsi l'augmentation de 213 TWh de la production renouvelable ne permettrait qu'une baisse de 90 TWh de la production nucléaire.
- La puissance totale installée augmenterait de 62 % passant de 129 GW à 209 GW. Il faudrait donc augmenter considérablement les moyens de production pour une même consommation. Les éoliennes et panneaux solaires ajoutés viendraient essentiellement s'ajouter, et

non remplacer les autres moyens de production. Il faudrait tripler le rythme d'installation des éoliennes et doubler celui du photovoltaïque. RTE indique que « *cette trajectoire est ambitieuse, et nécessite un changement de dimension par rapport à l'état actuel* ».

• La consommation d'électricité annuelle stagnerait malgré la croissance de la population, une croissance économique de 2 % par an et plus de 15 millions de véhicules électriques. Le principal argument invoqué est l'amélioration de l'efficacité énergétique. Pourtant la consommation française stagne depuis 2008 mais ne baisse pas alors que la croissance économique a été bien inférieure à 2 %. RTE considère 700 000 rénovations de logements par an qui seraient mieux isolés, nous avons vu combien cet objectif est ambitieux.

• La pointe de consommation devrait diminuer car la production éolienne et solaire ne serait pas forcément présente au bon moment. RTE souligne que les épisodes de températures très faibles, entraînant une pointe de consommation, s'accompagnent souvent d'une production éolienne réduite et ne pourraient être couverts que grâce à des importations. Malgré cela RTE précise que « *l'équilibre offre-demande durant les situations de consommation forte repose nécessairement sur une contribution de l'éolien* » qui est tributaire de la météo. En conséquence la probabilité de défaillance peut atteindre 30 % pour des puissances appelées supérieures à 94 GW et 60 % pour une consommation supérieure à 101 GW. Or la pointe de l'année 2018 a été de 97 GW et la pointe historique française à 102 GW date de 2012. RTE confirme d'ailleurs que « *des appels de puissance supérieurs à 100 GW pourraient encore être observés en 2035. Ceci interroge sur le niveau d'assurance* », « *le système électrique français n'est plus en situation de « passer » une vague de froid comme celle de février 2012 sans appel aux leviers exceptionnels voire au délestage.* » On peut également lire que « *en 2035, sur les 1 000 cas simulés, 44 % présentent au moins une heure de défaillance et 5 % contiennent plus de 10 heures de défaillance* ». En clair, RTE prévient qu'il y aura des coupures d'électricité !

Le scénario Volt est celui qui utilise le moins le gaz, il permet donc de diminuer davantage les émissions de CO_2. Mais il suppose une consommation d'électricité annuelle en baisse de 8 % et surtout il maintient la part du nucléaire dans la production à un niveau plus élevé de 56 %. Le risque de défaillance est plus faible.

Le scénario Hertz prévoit moins de production nucléaire, mais davantage de production au gaz d'où des émissions de CO_2 proches du niveau actuel, et un risque de défaillance plus élevé.

Le scénario Watt aboutit à seulement 11 % de nucléaire, mais il suppose une baisse importante de la consommation (– 15 %), et un doublement de la production fossile donc une nette hausse des émissions de CO_2 (+ 45 %). Il nécessite les effacements de consommation les plus importants, ce qui n'empêche pas un risque de défaillance très élevé de 85 % (!) lors de pics de consommation à seulement 89 GW.

Les scénarios Hertz et Watt, qui réduisaient le plus le nucléaire, ont été abandonnés car leurs émissions de CO_2 étaient les plus élevées.

En résumé, pour remplacer une partie des centrales nucléaires ou fossiles par des moyens éoliens et solaires, il faudrait accepter davantage d'effacements/reports de consommation et parfois des coupures, augmenter considérablement la puissance totale installée et les lignes de transport, réduire la consommation annuelle et les pointes, et que nos voisins puissent nous acheter de l'électricité lorsque nous en produisons trop et nous en vendre lorsque nous en manquons. Plus on diminue la part du nucléaire, plus on émet de CO_2 et plus le risque de coupure est élevé.

Résumé des scénarios de RTE permettant 50 % de nucléaire en 2035.

	en 2016	Ampère 2035	Volt 2035	Hertz 2035	Watts 2035
Production en TWh	531	630	617	536	440
Consommation brute en TWh	483	480	442	480	410
% de nucléaire dans consommation	79,5	61,3	78,3	52,5	11,7
% de nucléaire dans production	72,3	46,7	56,0	47,0	11,0
% de production renouvelable	19,0	50,0	40,0	45,0	70,0
% de production fossile	9,0	4,0	4,0	8,0	18,0

►

	en 2016	Ampère 2035	Volt 2035	Hertz 2035	Watts 2035
Puissance nucléaire en GW	63,1	48,5	55,0	39,0	8,0
Production nucléaire en TWh	384,0	294,0	346,0	252,0	48,0
Puissance éolienne terrestre en GW	11,7	52,0	40,0	40,0	52,0
Prod. éolienne terrestre en TWh	20,7	115,0	88,0	88,0	115,0
Puissance éolienne maritime en GW	0,0	15,0	10,0	10,0	15,0
Production éolienne maritime en TWh	0,0	47,0	29,0	29,0	47,0
Puissance solaire en GW	6,8	48,0	36,0	36,0	48,0
Production solaire en TWh	8,3	58,0	43,0	43,0	58,0
% de production non pilotable	5,5	34,9	25,9	29,9	50,0
Puissance thermique en GW	20,4	13,2	10,0	23,2	34,4
Production thermique en TWh	44,5	27,6	23,7	45,7	78,8
Puissance non pilotable en GW	18,0	115,0	86,0	86,0	115,0
Puissance pilotable en GW	111,0	94,0	95,0	93,0	77,0
Puissance totale installée en GW	129,0	209,0	181,0	179,0	192,0
Émissions de CO_2, en Mt	22,0	12,0	9,0	19,0	32,0

Les scénarios suivants concernent la totalité de la consommation énergétique (et pas seulement électrique) pour le monde entier.

Le scénario *Wind Water Sun* [WWS] de l'université de Stanford

Le projet *Wind Water Sun* de l'université de Stanford (encore appelé « The solutions project ») a pour ambition de fournir toute l'énergie de la planète en électrifiant tous les usages à partir du vent, de l'eau et du soleil, et cela sans baisse de confort ! Les critiques ne manquent pas. À son propos, Philippe Bihouix écrit que le leader du projet, « Mark Jacobson n'a manifestement jamais mis les pieds dans une usine, et ne sait pas qu'il faut aussi de l'acier, du ciment, des résines polyuréthanes, des terres rares et du cuivre, des bateaux et des grues, entre autres, pour fabriquer et installer une belle éolienne propre » [Bihouix low tech], qu'« il faudrait 3,8 millions d'éoliennes de 5 MW et 89 000 centrales solaires de 300 MW, soit installer en quinze ans 19 000 GW d'éoliennes (trente fois le rythme actuel de 40 GW au plus par an), et inaugurer quinze centrales solaires par jour » [Bihouix mythe].

Faire, comme l'a fait l'Ademe, l'inventaire du potentiel des énergies renouvelables d'un pays comme la France est déjà un exercice très difficile : cela nécessite de répertorier les sites potentiels de production, mais aussi de tenir compte des statistiques météo, des sites potentiels de stockage, des contraintes sur les réseaux électriques… Aussi, je doute que ce travail puisse être fait précisément au niveau mondial.

Pour la France, trop peu de détails sont donnés pour qu'on puisse bien comprendre par quel miracle il serait possible de faire ce que les études françaises ne prétendent pas pouvoir faire. Les potentiels de production utilisés sont supérieurs à ceux de tous les autres scénarios français ; les problèmes d'intermittence et de stockage de l'électricité solaire et éolienne semblent nettement sous-estimés. L'Ademe arrive difficilement à 422 TWh d'électricité renouvelable, soit 24 % de notre consommation d'énergie actuelle, en supposant d'importants systèmes de stockage [Ademe 2015] quand cette étude prétend fournir la totalité de nos besoins énergétiques quasiment sans stockage.

Concernant les États-Unis, la revue scientifique *Proceedings of the National Academy of Sciences of the United States of America* a publié en février 2017 un « contre-article » à celui de Mark Jacobson signé par vingt et un (!) spécialistes dans le but de dénoncer les incohérences de ce projet [Clack]. Ce contre-article constate des lacunes importantes dans l'analyse, en particulier des outils de modélisation invalides, des erreurs et des hypothèses peu plausibles. « Les problèmes d'énergie sont complexes. La solution simple de Mark attire beaucoup de ceux qui n'ont pas les outils nécessaires pour appréhender cette complexité », y déclare Jane Long, ancien directeur associé du Lawrence Livermore National Laboratory (Californie). Steven Chu, prix Nobel de Physique 1997, secrétaire à l'énergie de Barack Obama entre 2009 et 2013, déclarait en 2019 « atteindre 100 % d'énergies renouvelables dans un laps de temps court me semble très difficile. Certains de mes collègues à l'université Stanford prétendent depuis vingt ans qu'on peut atteindre 100 % d'énergies renouvelables… dans vingt ans ! Ce n'est probablement pas ce qui va se passer. » [CHU].

Les scénarios du GIEC

Le Groupe d'Expert Intergouvernemental sur l'Évolution du Climat (GIEC) a examiné de nombreux scénarios permettant de stabiliser le réchauffement climatique. En 2018 il a publié un rapport concernant la limitation du réchauffement climatique à 1,5° [GIEC 2018]. Quatre trajectoires-types en ressortent. La demande énergétique mondiale en 2050 varie de – 32 % à + 44 %, la consommation de pétrole diminue au moins d'un tiers, le charbon n'est quasiment plus utilisé, la part des renouvelables dans la production d'électricité passe à au moins 63 % (contre environ 25 % en 2019), la production d'électricité nucléaire est multipliée par 2 à 6, la production des énergies renouvelables est multipliée par environ 10. Seul le scénario prévoyant une baisse de 32 % de la consommation énergétique mondiale ne fait pas appel aux technologies délicates de stockage de CO_2 dans le sous-sol. Le climatologue François-Marie Bréon, membre du GIEC, commente : « on peut être dubitatif sur la possibilité de multiplier, d'ici à 2030, entre deux et six fois la quantité d'énergie renouvelable produite chaque année ou de voir le nucléaire augmenter entre 60 % et 40 % à cette échéance » [Bréon SPS]. Le rapport du GIEC mentionne d'ailleurs qu'il faudrait des transitions rapides et profondes dans les domaines de l'énergie, des sols, des villes et des infrastructures, et des systèmes industriels, que ces transitions sont sans précédent en termes d'échelle.

Concernant le nucléaire, si certains scénarios mentionnés par le GIEC affirment qu'il est possible de s'en passer grâce à des efforts de sobriété, de développement des renouvelables et de délicates techniques de stockage du CO_2, les quatre scénarios types mis en avant par le GIEC y font largement appel. Le recours au nucléaire apparait d'autant plus nécessaire que la consommation énergétique augmente. Il est indispensable dans tous les scénarios du GIEC si l'on ne stocke pas le CO_2 en sous-sol.

Scénarios modèles du GIEC permettant de limiter le réchauffement climatique à 1,5°. Les pourcentages concernent l'année 2050, les hausses ou baisse (+/–) sont en référence à l'année 2010 [GIEC 2018].

Scénario	P1	P2	P3	P4
Demande énergétique finale en 2050	-32 %	2 %	21 %	44 %
Émissions de Gaz à Effet de Serre	-82 %	-89 %	-78 %	-80 %
Charbon	-97 %	-77 %	-73 %	-97 %
Pétrole	-87 %	-50 %	-81 %	-32 %
Gaz	-74 %	-53 %	+21 %	-48 %
Énergie nucléaire	+150 %	+98 %	+501 %	+468 %
Part des renouvelables dans la production d'électricité	77 %	81 %	63 %	70 %
Biomasse	-16 %	+49 %	+121 %	+418 %
Énergies renouvelables non issues de biomasse	+833 %	+1 327 %	+878 %	+1 137 %
Stockage cumulé de CO_2 jusque 2100, en milliards de tonnes	0	348	687	1 218

Le scénario *Efficiency N* du groupe GISOC [Efficiency-N]

Le groupe GISOC (Global Initiative to Save Our Climate) est constitué d'une vingtaine de spécialistes des problèmes énergie-climat de 6 nationalités. Environ la moitié d'entre eux sont français, membres ou proches de l'association Sauvons le Climat qui promeut le scénario français Négatep. Ils ont constaté que les partisans du nucléaire sont peu présents dans la rédaction des scénarios du GIEC et ont décidé de montrer que le nucléaire peut largement contribuer à limiter le réchauffement climatique. Sa limitation à 1,5° nécessitant un large recours au stockage du CO_2, une technologie très incertaine, leur scénario Efficiency-N propose le même objectif en y ayant trois fois moins recours, tout en augmentant l'énergie disponible pour les êtres humains. Il s'agirait de remplacer la production de chaleur au gaz fossile et l'utilisation de pétrole par de l'électricité. Celle-ci serait produite en 2060 à 44 % par de l'énergie nucléaire (en particulier des réacteurs à neutrons rapides de génération 4), à 25 % par de la biomasse, à 25 % par de l'éolien et du solaire, et à 12 % par de l'hydraulique. Il faudrait donc considérablement augmenter la production des énergies renouvelables, mais aussi celle du nucléaire dont la puissance installée dans le monde devrait atteindre environ 6 000 GW contre moins de 400 GW en 2019. Il faudrait pour cela près de 4 000 réacteurs dans le monde et être capable d'ouvrir une bonne centaine de réacteurs chaque année à partir de 2030. Certes la France a mis en service quatre réacteurs par an dans les années 80 et d'autres pays sont capables de maîtriser le nucléaire dans de bonnes conditions de sécurité. Mais ce scénario ambitieux n'explique pas où il faudrait placer tous ces réacteurs. Bien que défenseur de l'énergie nucléaire, je préfère que certains pays s'abstiennent de développer cette énergie et j'imagine mal une telle croissance.

8 Efficacité et sobriété énergétiques

Efficacité énergétique et limites physiques

Pour réduire le besoin d'énergie, le levier « efficacité » fait l'unanimité, puisqu'il s'agit de consommer moins à service rendu égal grâce à la technologie. Le meilleur exemple en est sans doute l'isolation des logements. Il paraît difficile d'évaluer précisément les gains potentiels de l'efficacité tant les technologies et les applications énergivores sont nombreuses et variées. Il convient toutefois de rappeler qu'il existe des limites physiques à l'efficacité.

Les lois de la physique impliquent la conservation de l'énergie. Rappelons qu'on ne peut donc que transformer l'énergie et non en créer. Certaines actions ne sont pas possibles sans une certaine quantité d'énergie. En voici quelques exemples.

- Pour élever une masse M (en kg) d'une hauteur h (en mètres), la quantité d'énergie E (en joules) nécessaire se calcule par la relation $E = Mgh$ (g étant l'accélération due à la pesanteur égale à 9,8 m/s^2 sur Terre). Ainsi, un ascenseur qui doit élever de 50 m une charge de 1 000 kg a besoin de 490 000 joules, soit 136 Wh (wattheures) pour un système parfait sans pertes (1 Wh = 3 600 J).
- Pour mettre en mouvement une masse M (en kg) à la vitesse v (en mètres par seconde), il faut une énergie $E = mv^2/2$. Ainsi, pour amener à la vitesse de 27,77 m/s (100 km/h) un véhicule de 1 000 kg, il faut une énergie de 385 600 joules, soit 107 Wh, ce qui correspond approximativement à 0,01 litre d'essence.

• Pour élever une masse M (en kg) de chaleur massique c (constante liée au matériau) d'une température θ (en degrés), il faut une énergie $E = Mc\theta$. Ainsi, pour faire bouillir 2 litres d'eau en partant de 20 °C, l'énergie nécessaire est de 669 600 joules (pour l'eau c = 4 185 J/kg·K), soit 186 Wh.

Aucun progrès technologique ne pourra changer les résultats de ces calculs. En réalité, les quantités d'énergie nécessaires sont nettement supérieures, car il y a toujours des pertes. Ce sont ces pertes que l'efficacité énergétique tente de minimiser. Par exemple, pour faire bouillir de l'eau, il est simple de mettre un couvercle sur la casserole de manière à minimiser les échanges de chaleur entre l'intérieur et l'extérieur. Mais il est physiquement impossible de descendre en dessous des seuils précédemment indiqués.

L'efficacité énergétique peut aussi consister à essayer de réutiliser l'énergie stockée : par exemple, lors de la descente d'un ascenseur, il est possible que le moteur électrique renvoie de l'électricité au réseau. Lors de la décélération, les véhicules hybrides renvoient de l'énergie dans des batteries. Mais il y a forcément, là encore, des pertes impossibles à éviter.

Pour maintenir une masse à vitesse constante dans le vide, il n'est pas nécessaire d'apporter de l'énergie. Mais dans le cas d'un véhicule sur Terre, les frottements de l'air, des pneus et de la mécanique sont inévitables. L'efficacité énergétique peut, dans ce cas, consister à minimiser les frottements de l'air grâce à un aérodynamisme optimal. Mais « optimal » ne signifiera jamais « parfait ».

Pour maintenir un bâtiment parfaitement isolé à une température constante, il ne faut pas d'énergie. Mais un isolant, même très performant, n'est jamais parfait, si bien qu'il faut toujours une quantité d'énergie, aussi minimale soit-elle, pour compenser les échanges de chaleur entre un bâtiment et l'extérieur. Il est vrai qu'il est assez aisé de gagner beaucoup d'énergie en plaçant, par exemple, de l'isolant dans les combles d'un bâtiment ou en remplaçant des vitrages simples par des doubles. Mais plus on progresse et plus il est difficile de progresser. Dans tous les cas, il reste forcément des pertes qui doivent, par temps froid, être compensées par des apports solaires, la chaleur dégagée par les appareils ou les habitants (donc issue de l'énergie qu'ils consomment), ou par un système de chauffage.

La quantité de lumière qui sort d'une lampe se mesure en lumens. Les lampes à incandescence traditionnelles, dont l'efficacité ne dépassait pas 15 lumens par watt (lm/W), sont maintenant interdites pour être remplacées par des lampes fluo-compactes ou à LED dont l'efficacité peut atteindre 150 lm/W, dix fois plus. La différence est considérable grâce à un saut technologique, mais le potentiel d'économies n'est pas énorme : l'économie a été estimée à environ 8 TWh [Convention ampoules], ce qui représente moins de 0,5 % de la consommation d'énergie française. En effet, l'éclairage ne représente guère plus de 15 % de la consommation d'électricité, qui représente elle-même moins du quart de la consommation d'énergie ; d'autre part, il y a longtemps que les éclairages des bureaux, magasins, entrepôts, routes, ne se font plus à l'incandescence. Dans l'avenir, les technologies ne pourront pas toujours progresser, car il existe une limite physique de 200 lm/W au-dessus de laquelle on ne peut pas produire de lumière blanche, et une limite absolue de 683 lm/W, quel que soit le spectre lumineux. De plus, la moindre consommation de ces lampes est physiquement liée à un moindre dégagement de chaleur ; une partie des économies est donc annulée par un besoin supplémentaire de chauffage.

De nombreux processus industriels sont par nature énergivores, en particulier parce qu'ils nécessitent de chauffer des matériaux. Je doute qu'il sera un jour possible de produire du ciment, de l'acier ou du verre sans chaleur. Plutôt que de la laisser se dissiper, il faudrait davantage la récupérer : par exemple, pour chauffer des bâtiments proches des usines. Mais ces dispositifs d'efficacité énergétique nécessitent des installations complexes et supposent des besoins en chaleur à proximité.

Les industriels sont actuellement incités à optimiser leur consommation d'énergie. Dans de nombreuses usines, on remplace des appareils anciens par de plus performants (chaudières, lampes, moteurs), on installe des variateurs de vitesse, on coupe certains appareils la nuit, on élabore des dispositifs de récupération de chaleur... Les gains potentiels sont très variables d'une entreprise à une autre, et dépendent du niveau de départ. Une minorité d'entre elles, qui partent de très loin, peuvent espérer des gains de l'ordre de 50 %, mais il sera très difficile d'aller au-delà.

D'importants progrès en efficacité énergétique ont été faits à la suite des chocs pétroliers de 1974 et 1979. Ainsi, la consommation moyenne des véhicules a beaucoup baissé depuis quarante ans grâce à des moteurs plus performants. Mais aujourd'hui la consommation des véhicules ne diminue presque plus, il semble qu'on se rapproche des limites. Il est probable qu'il faille à l'avenir des voitures plus petites, moins puissantes et moins lourdes, donc moins équipées et peut-être moins sécurisantes pour continuer à gagner en consommation. On passerait alors de l'efficacité (service rendu égal) à la sobriété. De même, l'isolation des bâtiments, bien qu'encore insuffisante, a considérablement évolué depuis les années 1970. L'efficacité énergétique n'est pas nouvelle. Par exemple, en éclairage extérieur, on n'a pas attendu les LED pour minimiser la consommation d'électricité : on utilise depuis longtemps, quand c'est possible, des lampes au sodium basse pression dont l'efficacité approche 200 lm/W. Un autre exemple est celui d'un moteur électrique industriel de puissance 110 kW : son rendement normalisé est d'au moins 93,3 %, ce qui signifie que les pertes que l'on peut tenter de minimiser représentent moins de 7 % de l'énergie consommée. Les gains les plus faciles ont donc déjà été faits ou sont en voie de l'être, et l'amélioration aura ses limites.

De plus, les gains d'efficacité énergétique peuvent être atténués, voire annulés, par l'effet rebond : « Les gains énergétiques permis par l'évolution technologique des écrans d'ordinateur et de télévision ont été réduits à néant en raison de l'accroissement concomitant de la taille des écrans » [Jouanno]. L'augmentation de la population et de l'activité économique a contribué, ces dernières décennies, à une hausse de la consommation de carburants routiers, bien que la consommation par véhicule ait considérablement baissé. De même, s'il est tout à fait positif que les nouveaux logements soient « basse consommation », il ne faut pas oublier que chaque nouveau logement représente une consommation supplémentaire, au moins lors de sa construction.

Pour consommer moins, il faut souvent investir dans des technologies plus complexes nécessitant plus de matériaux, de mise en œuvre, et même d'énergie. L'isolation d'un logement en est un bon exemple : s'il est parfois possible d'amortir financièrement les travaux d'isolation, il n'empêche que ceux-ci nécessitent des matériaux supplémentaires à fabriquer et transporter ainsi que de la main-d'œuvre. **Il est donc plus compliqué** (donc, en clair, plus cher) **de se loger dans un monde où l'énergie est rare que dans un monde où l'énergie est abondante et où l'on pouvait se permettre une construction simple sans se soucier de la consommation.** Bon nombre de gens ont déjà bien des difficultés pour se loger, la raréfaction de l'énergie ne va rien arranger. Ainsi une étude publiée par le commissariat général au développement durable estime que le surcoût de construction d'un logement respectant la réglementation thermique 2012 (RT 2012) est de 9 % pour un logement collectif et de 14 % pour un logement individuel par rapport à la précédente réglementation (RT 2005) [CGDD 135]. Certains constructeurs parlent même de surcoûts de 20 %. Les surcoûts devraient encore augmenter avec la nouvelle réglementation de 2020.

Un autre exemple concerne les moteurs électriques que je connais bien : pour diminuer leurs pertes énergétiques, les constructeurs doivent les faire plus volumineux, donc plus lourds et plus consommateurs de matières premières, ou utiliser des matériaux dont la fabrication est plus complexe et plus énergivore. C'est souvent positif écologiquement et financièrement, mais cela complexifie les technologies.

Les véhicules hybrides associent moteurs à essence et électrique : durant les descentes ou décélérations, le moteur électrique se transforme en générateur et recharge des batteries qui seront sollicitées plus tard pour consommer moins d'essence. Un système ingénieux, mais qui est indéniablement plus compliqué, consommateur de matériaux et d'électronique que les véhicules classiques.

Les lampes fluo-compactes et à LED consomment moins d'électricité que les incandescentes, mais elles nécessitent de l'électronique (placée généralement dans le culot). Elles sont donc plus complexes à fabriquer et demandent plus de matières premières.

D'une manière générale, les technologies numériques peuvent nous aider à optimiser nos consommations, avec par exemple des détecteurs de présence, des thermostats électroniques, des compteurs intelligents qui décalent certaines consommations, des contrôleurs électroniques, des réseaux intelligents, des appareils de mesure, des variateurs électroniques… Mais notre société évolue ainsi vers une dépendance accrue à l'électronique, aux « *data-centers* » énergivores, et devient de plus en plus complexe et peut-être de plus en plus fragile. On veut parfois faire rêver en faisant croire que l'intelligence pourra remplacer l'énergie. Les systèmes « *smart* » permettent de mieux gérer l'énergie, mais pas d'en faire apparaître !

Les exemples précédents sont transposables à de nombreux secteurs fondamentaux dans la vie humaine : **avec moins d'énergie, il sera plus complexe de se nourrir, de se déplacer, de se loger ou de se soigner**.

Les véhicules solaires

Un vieux rêve est de faire avancer les voitures à l'énergie solaire. Est-ce possible ?

Pour avancer, un véhicule doit vaincre divers frottements, en particulier les frottements de l'air, inévitables sur Terre. La puissance nécessaire pour les vaincre dépend de la surface frontale du véhicule, de son aérodynamisme et de la vitesse. Pour une petite voiture, il faut une puissance d'environ 8 000 W à 100 km/h pour vaincre les seuls frottements de l'air.

[*Les courageux pourront vérifier que* $P = 0{,}5 \times \rho \times SCx \times v^3$ *donne environ 8 000 W avec* $\rho = 1{,}2$ *(masse volumique de l'air),* $SCx = 0{,}6$ *(coefficient pour une voiture classique, dépend de la surface frontale et de l'aérodynamisme du véhicule) et* $v = 28$ *m/s (100 km/h).*]

Le soleil nous fournit à midi en plein été environ 1 000 W par m^2, mais beaucoup moins en moyenne (en météorologie, on considère qu'il y a du soleil à partir de seulement 120 W par m^2). On voit qu'un système parfait capable de transformer la totalité de l'énergie solaire en énergie mécanique (la réalité en est très loin) nécessiterait pour avancer à 100 km/h à midi en été, en considérant uniquement les frottements de l'air, 8 m^2 de panneaux solaires, ce qui est impossible sur une petite voiture.

En réalité, le moindre véhicule « normal » actuel est capable de développer une puissance de 50 chevaux-vapeur, ce qui correspond à 37 000 W. Celle-ci permet de vaincre non seulement les frottements de l'air, mais aussi les autres frottements (pneumatiques, mécaniques), d'accélérer décemment et de monter des côtes avec des passagers et des bagages (les dernières 2 CV de Citroën développaient, en réalité, plus de 34 chevaux-vapeur). Sans stockage énergétique, en plein été à midi, il faudrait 37 m^2 de panneaux solaires parfaits pour que ce petit véhicule puisse fournir toute sa puissance !

Certes, des véhicules solaires existent, mais ils ne correspondent pas à ce qu'on appelle « automobile » dans le langage courant. Tous les ans en Australie se déroule le World Solar Challenge, une course de voitures propulsées à l'énergie solaire. Les véhicules sont particuliers : petits et légers, un seul passager est à bord sans bagages, la vitesse dépend de l'ensoleillement et on ne roule, bien sûr, que de jour. Cette course existe depuis 1987 et, si on ne voit toujours pas de véhicules solaires sur les routes françaises, ça n'est pas à cause des lobbies pétroliers qui empêcheraient leur commercialisation, mais à cause des lois physiques qui empêcheront toujours de tels véhicules d'avoir des performances comparables aux véhicules à pétrole. Sans système de stockage, la voiture solaire ne pourra jamais faire traverser la France en une journée à quatre personnes avec des bagages, même si des progrès immenses permettaient de capter la totalité de l'énergie solaire arrivant sur la surface du véhicule.

De même, l'avion solaire *Solar Impulse* ne présage, à mon avis, aucunement de l'aviation de demain. Il faudra toujours beaucoup d'énergie pour élever une masse dans les airs, la mettre en mouvement et lutter contre les frottements de l'air ; il faudra donc toujours une surface de panneaux solaires énorme par rapport à la masse de l'avion. Il sera donc toujours très difficile, voire impossible, de transporter de nombreux passagers et leurs bagages dans un avion solaire. La recherche et l'innovation ne permettront pas de transgresser les lois physiques.

Bien sûr, on peut imaginer des véhicules stockant avant le départ dans des batteries de l'électricité qui viendrait uniquement de panneaux solaires ; c'est d'ailleurs ce que faisait l'avion *Solar Impulse*. Dans ce cas, il ne s'agit plus vraiment de véhicules solaires, mais de véhicules électriques dont les problèmes sont connus : faible autonomie due au manque de performance des batteries, et problématique de la production d'électricité (nécessité de grandes surfaces de panneaux, irrégularité du soleil, impact environnemental, opportunité de la connexion des panneaux au réseau électrique pour mutualiser les moyens et favoriser le foisonnement géographique…).

Toutes ces considérations m'amènent à penser que, si l'efficacité énergétique est utile et même indispensable, elle ne sera pas suffisante. Pour réellement faire baisser la consommation d'énergie, il est nécessaire de modifier l'usage que l'on fait des appareils consommateurs.

La sobriété énergétique

La sobriété énergétique, qui consiste à privilégier les usages les plus utiles de l'énergie, « restreindre les plus extravagants et supprimer les plus nuisibles » [Négawatt 2011], suppose de définir les usages qui sont utiles et ceux qui sont nuisibles. Est-il « utile » d'aller une journée à la mer, de partir en vacances, d'aller à la piscine, d'assister à des spectacles culturels ou à des rencontres sportives ? Est-il utile d'avoir réfrigérateur, un ordinateur, un lave-vaisselle, un téléphone, un accès à Internet, un canapé, une cuisine équipée ? Est-il utile de soigner les personnes âgées atteintes de maladies graves ? Est-il utile de manger de la viande, des fruits exotiques, et de boire du vin ? Est-il utile d'avoir de beaux vêtements, du maquillage, d'aller chez le coiffeur ? Est-il utile de se doucher tous les jours ?

Il est clair que tout le monde ne sera pas du même avis, surtout ceux qui vivent de ce « gaspillage », et ils sont nombreux : professionnels du tourisme, de la culture, du sport, fabricants et vendeurs d'électroménager, de meubles, de voitures, éleveurs, viticulteurs, webmasters, cuisinistes, coiffeurs, vendeurs de glaces ou de produits de beauté… Tous ces gens vivent de gaspillage consommateur d'énergie ! La sobriété énergétique me paraît clairement liée à l'idée de la décroissance évoquée précédemment, c'est-à-dire à une vie que certains qualifient de plus simple mais qu'on peut qualifier aussi de plus pauvre. Tout le monde est d'accord pour lutter contre certains gaspillages, mais définir ce qui relève du gaspillage est une autre affaire.

Si les êtres humains se sont mis à domestiquer le feu, à utiliser la force des animaux, à construire des bateaux à voile, des moulins à vent ou à eau, ce n'était pas seulement pour gagner de l'argent, faire augmenter le PIB ou plaire à des actionnaires, mais c'était avant tout parce que cette utilisation d'énergie leur facilitait la vie.

Plus simplement encore, si les êtres humains se sont mis à cultiver la terre et à élever du bétail, c'est parce qu'ils récupéraient ainsi plus d'énergie (leur nourriture), par rapport à ce qu'ils dépensaient, qu'en parcourant des kilomètres pour cueillir des fruits et chasser des bêtes. **Un monde dans lequel l'énergie est rare est plus contraignant qu'un monde dans lequel l'énergie est abondante**. « On ne peut dépenser de l'énergie pour les soins de santé que s'il y a assez d'énergie nette restante après que les besoins énergétiques "inférieurs" (extraire, raffiner et transporter l'énergie et les aliments, construire des abris, éduquer un minimum la population) ont été satisfaits » [Court].

Supposons que des humains échouent sur une île déserte et qu'ils doivent se débrouiller à la manière de Robinson Crusoé. Il est clair que leur vie sera plus facile si une abondante forêt se trouve sur cette île que s'il n'y a pas d'arbre. Je ne parle pas là du bois en tant que matériau de construction, mais en tant que source d'énergie : brûler le bois permet aux humains de ne pas avoir froid, de faire cuire leurs aliments, d'avoir de la lumière, de façonner des outils... Des besoins fondamentaux plus difficiles à satisfaire avec moins d'énergie.

On a vu qu'au-delà d'un certain seuil de consommation d'énergie, l'indice de développement humain n'augmentait quasiment plus et qu'on pouvait parler de gaspillage. Effectivement, on peut réduire sa consommation d'objets high-tech, de gadgets, de jouets, de viande, de vêtements, de sodas, d'alcool, de crèmes glacées, de bijoux, de produits de beauté... sans que cela nuise à notre bonheur. Mais je doute que cette chasse au gaspi change de beaucoup les ordres de grandeur de notre consommation d'énergie, qui est aussi liée à des besoins fondamentaux : se nourrir, se loger, se protéger, se déplacer, se soigner... Tout cela nécessite de l'énergie. On ne vit pas longtemps là où on en consomme peu; c'est une constatation. À l'heure actuelle, le développement est lié à l'énergie.

Un rapport du Programme des Nations unies pour l'environnement [Fischer-Kowalski, Swilling] indique qu'un scénario permettant seulement de stabiliser la consommation mondiale d'énergie et de diminuer de seulement 40 % les émissions de gaz à effet de serre comporterait tant de restrictions et rebuterait tellement les décideurs politiques qu'il peut difficilement être envisagé comme objectif stratégique.

Les poux

Une anecdote personnelle qui fera sans doute rire certains, mais qui, à mon avis, est révélatrice de l'importance de l'énergie. Un dimanche matin, ma femme et moi nous sommes rendu compte que nos enfants avaient des poux (ça arrive, paraît-il, même chez les gens très bien). Branle-bas de combat ! J'ai pris mon téléphone, appelé le service me donnant l'adresse de la pharmacie de garde, fait 26 km aller-retour en voiture pour aller acheter des produits capables de tuer ces bestioles. Puis nous avons lavé les cheveux des enfants et fait allègrement fonctionner le lave-linge et le sèche-linge pour nettoyer les manteaux, bonnets, écharpes, draps, coussins, doudous…

Imaginons maintenant ce problème dans le monde merveilleux de Négawatt : je n'aurais peut-être pas eu de téléphone, d'ailleurs le serveur téléphonique informatisé n'aurait peut-être même pas existé. J'aurais mis deux bonnes heures pour faire l'aller-retour en vélo à la pharmacie. Celle-ci n'aurait peut-être pas été approvisionnée des produits recherchés, ces derniers étant fabriqués dans des usines consommatrices et acheminés par des camions consommateurs d'énergie. Il aurait peut-être fallu laver les cheveux des enfants à l'eau froide (sans doute le plus dur !). Il aurait fallu faire plusieurs allers-retours au lave-linge collectif du quartier ou peut-être même faire les lessives à la main après avoir fait chauffer l'eau. Le linge séchant naturellement n'aurait pas été sec pour l'école le lendemain.

Certes, des générations d'enfants ont survécu aux poux dans un monde moins consommateur d'énergie. Mais il est indéniable que c'était moins pratique. D'une manière générale, l'hygiène est plus aisée avec de l'eau chaude et du savon ; ça paraît évident. Ce qui l'est moins, c'est que l'hygiène est plus aisée avec de l'énergie : il en faut pour pomper l'eau, la chauffer (beaucoup) et la dépolluer ; il en faut pour produire et chauffer l'huile nécessaire à la fabrication du savon ; il en faut pour construire les infrastructures de distribution d'eau et les égouts ; il en faut pour fabriquer des lavabos et des salles de bains. Moins d'énergie, c'est probablement moins d'hygiène.

9 Argent, trop cher

Les thèmes de discussion liant énergie et argent ne manquent pas : la taxe carbone, la taxe intérieure sur les produits pétroliers (TIPP désormais remplacée par la taxe intérieure de consommation sur les produits énergétiques TICPE), la contribution au service public de l'électricité (CSPE), la TVA, le cours du baril de pétrole, le coût du kWh, les tarifs réglementés, le coût du démantèlement et de la gestion des déchets nucléaires, les subventions aux renouvelables, le coût du réchauffement climatique et de la pollution…

Quelques chiffres : l'EPR de Flamanville, tête de série d'une nouvelle génération de réacteurs nucléaires devrait coûter plus de 12 milliards d'euros. La contribution au service public de l'électricité, taxe prélevée sur les factures d'électricité française, a permis pour la seule année 2016 de subventionner pour plus de 4,4 milliards d'euros l'électricité renouvelable en France (essentiellement le photovoltaïque et l'éolien). L'adaptation aux renouvelables du réseau de transport d'électricité français devrait coûter 33 milliards d'euros. L'État français s'est engagé à subventionner un total de 121 milliards d'euros (!) l'éolien et le photovoltaïque pour les contrats signés avant 2017 à un rythme qui dépassera 7 milliards d'euros pour la seule année 2025. L'Allemagne a investi 350 milliards d'euros de 1996 à 2014, soit en moyenne 18 milliards par an, en soutien aux énergies renouvelables. Le coût de la centrale solaire du Maroc, Noor, est estimé à plus de 8 milliards d'euros. La France a acheté pour plus de 30 milliards d'euros de pétrole en 2016.

Évidemment, il faudrait, pour comparer ces chiffres, les ramener à leur utilisation, tenir compte de la durée de vie des installations, du coût de la maintenance, du stockage, des adaptations nécessaires du réseau électrique, du démantèlement, de la pollution et des maladies associées, du réchauffement climatique, de l'inflation, de l'immobilisation du capital… Les calculs sont tellement complexes qu'ils sont toujours contestables. Les partisans du nucléaire affirment que cette énergie est moins chère, ses opposants que tous ses coûts ne sont pas pris en compte.

J'ai décidé de ne pas aborder le sujet en cherchant à comparer les coûts des énergies. L'argent est omniprésent dans notre société, et il est normal que l'on s'y intéresse, mais je laisse les calculs à d'autres plus compétents. **Nous aurons besoin des renouvelables ET du nucléaire pour diminuer notre consommation d'énergies fossiles**, les opposer de cette manière n'est pas forcément opportun.

J'estime que les problèmes sont physiques avant d'être financiers : s'il est normal de se poser la question du coût d'une installation, il faut d'abord se poser celle de sa faisabilité technique. Si aucun scénario n'envisage de maintenir notre consommation d'énergie avec uniquement des renouvelables en 2050, ça n'est pas seulement parce que cela coûterait cher. C'est plutôt parce que l'on ne pourrait pas dans un délai réduit construire assez d'usines permettant de fabriquer les matériaux et engins nécessaires, parce qu'il faudrait disposer d'une main-d'œuvre qualifiée qui prendrait des années à être formée, parce que les capacités de production des renouvelables sont limitées, parce que le vent ne souffle pas toujours, parce qu'il n'y a pas de solution technique satisfaisante au problème du stockage, parce qu'on ne peut pas créer des montagnes pour faire des barrages, parce qu'on ne maîtrise pas la quantité d'énergie solaire qui arrive sur notre sol, parce que les arbres poussent lentement, parce que les riverains ne veulent pas d'éoliennes trop près de chez eux, parce qu'il est très complexe d'installer des éoliennes en mer… Il s'agit donc de problèmes de physique et humains, et pas seulement d'argent.

Les énergies fossiles et l'uranium ont été gratuitement mis à disposition des humains par la nature tout comme le vent, le soleil, les courants marins et autres renouvelables. Bien sûr, il faut payer les salaires des mineurs qui extraient le charbon et l'uranium, il faut payer les exploitants des puits de pétrole et de gaz, mais il faut aussi payer les gens qui fabriquent, installent, surveillent, maintiennent, démantèlent les installations renouvelables. Bien sûr, il faut payer une rente aux propriétaires des mines ou des puits d'hydrocarbures, mais il faut aussi payer les propriétaires des terrains sur lesquels sont placées les installations renouvelables. Dans les deux cas, il faut payer des salaires et de la rente [Jancovici dormez]. Il n'y a donc pas de raison intrinsèque pour que les renouvelables soient moins chères, même si certains veulent le faire croire en entretenant la confusion entre le coût et le coût marginal (qui ne représente que le coût supplémentaire dû à une production supplémentaire).

Les énergies fossiles ne coûtent pas cher du tout par rapport aux énormes services qu'elles nous rendent, c'est-à-dire par rapport au travail qu'elles nous font économiser, donc de la main-d'œuvre que nous n'avons pas à payer. Il faudra tôt ou tard en consommer moins, et leur remplacement aura forcément un coût élevé.

En ce qui concerne la production d'électricité, il faut encore rappeler que l'éolien et le photovoltaïque ne produisent pas forcément au moment où l'on en a besoin. Ils viennent donc essentiellement en plus et non à la place des autres moyens de production. Ce ne serait pas le cas si on stockait et réutilisait les excédents de production, mais il faudrait alors tenir compte du coût du stockage, ce qui est rarement fait. Plus de moyens de production pour une même consommation, c'est forcément un surcoût !

Le cas de l'Allemagne en fournit une excellente illustration : la figure 48 montre l'évolution de la puissance électrique installée en Allemagne de 2002 à 2019. On constate que, alors que la consommation allemande est stable (elle n'a augmenté que de 2,5 % sur la période), malgré la fermeture de 8 GW nucléaires en 2011, la puissance totale installée a considérablement augmenté, passant de 115 à 209 GW (+ 82 %). L'installation d'un nombre énorme d'éoliennes et de panneaux solaires (on est passé de 12 à 108 GW !) n'a donc quasiment pas permis d'avoir moins besoin des autres moyens de production : la puissance installée en centrales pilotables (charbon, fuel, gaz, nucléaire, hydraulique, biomasse) est passée de 103 à 100 GW, la puissance installée en centrales fonctionnant aux énergies fossiles (charbon, fuel, gaz) est passée de 74 à 78 GW. Notons que les émissions de CO_2 n'ont baissé sur cette même période que de 15 % tandis que celles de la France diminuaient de 18 % [BP]. Je n'affirme pas que les éoliennes et panneaux photovoltaïques soient inutiles : ils permettent de moins faire fonctionner les moyens pilotables donc de moins polluer s'ils sont à énergie fossile ; mais pas ou peu de les fermer.

Figure 48 Évolution de la puissance électrique installée en Allemagne de 2002 au 12/09/2019.

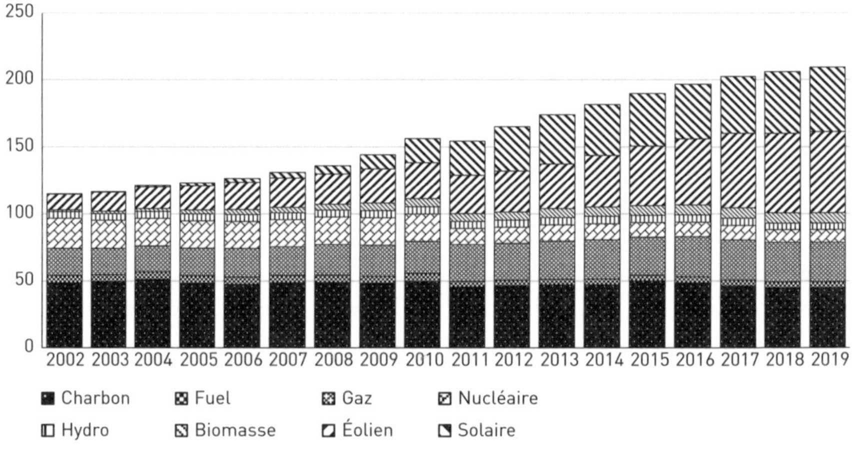

Source : Fraunhofer ISE/AGEE, BMWi, Bundesnetzagentur
https://www.energy-charts.de/power_inst.htm

Une étude très pointue [Burtin-Silva 2015] du service recherche et développement d'EDF portant sur 60 % d'électricité renouvelable en Europe, dont 40 % d'éolien et de solaire, conclut qu'il faudrait quasiment disposer en centrales électriques pilotables de la même puissance que celle dont on dispose en renouvelables intermittentes. Un des auteurs de l'étude, Alain Burtin, déclarait en 2015 : « Sur une même journée à l'échelle de l'Europe, en fonction des conditions climatiques, on constate une variabilité de la production éolienne et photovoltaïque de l'ordre de 50 % de la demande européenne. Dans ces conditions, pour satisfaire la demande, la flexibilité de la demande et du stockage ne peut pas remplacer les moyens de production conventionnels. Ainsi, malgré le développement de 700 GW d'ENR variables, la capacité installée conventionnelle nécessaire ne varie pas significativement dans le scénario par rapport à la puissance actuelle. » Il serait nécessaire « de disposer d'une capacité de production conventionnelle d'environ 500 GW en complément pour assurer la sécurité d'alimentation du réseau européen ». En clair, cette étude confirme que, même sur une vaste zone géographique favorable au foisonnement, l'éolien et le solaire viennent essentiellement en plus et non à la place des centrales de production existantes. Elle montre également qu'au niveau européen, un tel déploiement d'énergies renouvelables permettrait de faire descendre les émissions européennes de CO_2 par kWh à un niveau proche du niveau français actuel.

Une thèse de Doctorat soutenue en 2018 et consacrée au « Potentiels et limites météorologiques et climatiques d'un foisonnement des énergies renouvelables » [Lassonde] conclut que « la minimisation du coût de l'électricité conduit à une faible surproduction avec d'importants moyens de stockage, alors que le choix d'une minimisation du volume maximal d'énergie stockée conduit à une forte surproduction engendrant un coût de l'électricité environ deux fois supérieur ». En clair, tout dépend du stockage dont on a déjà vu les énormes difficultés.

On peut lire dans un rapport de Réseau de transport de l'électricité que « recourir à l'éolien ou au photovoltaïque pour produire de l'électricité implique un parc de production d'une puissance installée totale plus grande qu'en recourant à des centrales pilotables » [RTE].

Steven Chu, prix Nobel de Physique 1997, secrétaire à l'énergie de Barack Obama entre 2009 et 2013, déclarait en 2019 « Le réseau électrique continuera à avoir besoin de moyens pilotables, mobilisables à la demande » [CHU]. Ces moyens de production supplémentaires pour une même consommation représentent forcément un surcoût pour la collectivité, en particulier en France où le coût de l'uranium économisé représente une très faible part des coûts de production.

Ces installations renouvelables, éoliennes et solaires, sont financièrement encouragées : leur injection d'électricité sur le réseau est prioritaire, même s'il y a peu de demande aux moments où le vent et le soleil sont présents. Les tarifs de rachat sont garantis grâce à des subventions, c'est pourquoi les investisseurs y trouvent leur compte. Les centrales pilotables doivent alors abaisser leur puissance pour que la production égale la consommation. Le problème est que l'éolien et le solaire produisent parfois beaucoup à des moments où le besoin est faible, ce qui entraîne une baisse des prix aux bourses de l'électricité. Il arrive même parfois que les prix y soient négatifs : certains donnent alors de l'argent pour se débarrasser de leur électricité ! On pourrait s'en réjouir et se dire que c'est un pas vers la gratuité de l'énergie ; mais, bien sûr, les prix ne sont pas négatifs pour le client final, ils augmentent même. La baisse des prix sur les marchés de l'électricité rend moins rentables les centrales traditionnelles, que leurs propriétaires ont donc tendance à fermer. Mais comme elles sont nécessaires quand il n'y a pas de vent ou de soleil, il a fallu inventer ce qu'on appelle des « mécanismes de capacité », qui subventionnent les centrales à énergies fossiles pour ne pas qu'elles ferment. « Curieuse Europe, en surcapacité de production d'énergie électrique, continuant malgré tout à investir massivement dans les énergies renouvelables subventionnées, où les prix de gros de l'électricité baissent et les prix de détail augmentent pour financer les subventions tarifaires aux énergies renouvelables de plus en plus abondantes, faisant fuir les entreprises électro-intensives utilisatrices et créant de ce fait encore plus de surcapacités » [Bonnaterre]. Quel bazar ! Pour aider les concurrents d'EDF, il a même fallu inventer l'ARENH, Accès Régulé à l'Énergie Nucléaire Historique, dispositif qui oblige EDF à vendre aux fournisseurs alternatifs de l'électricité nucléaire à un tarif fixé, afin qu'ils puissent la revendre aux consommateurs avec une marge suffisante. On oblige donc EDF à aider ses concurrents !

On peut également s'interroger sur cette phrase dans le rapport de l'Ademe paru en 2018 concernant l'optimisation économique du mix électrique [Ademe 2018] : « une prolongation trop forte du nucléaire historique couplée avec le développement de nouvelles capacités renouvelables maintiendrait les prix de marché à un niveau bas et déséquilibrerait la rentabilité de tous les moyens de production ». L'Ademe souhaite donc une augmentation des prix pour que les renouvelables soient rentables…

Tarifs de rachat garantis pour les renouvelables, Contribution au Service Public de l'Électricité, contribution tarifaire d'acheminement, mécanismes de capacité, Accès Régulé à l'Énergie Nucléaire Historique... Sans entrer dans de long débats sur la libéralisation, il faut bien reconnaitre qu'on a dû inventer des « rustines » pour faire place à la concurrence tout en développant les renouvelables et en voulant maintenir la sécurité d'approvisionnement. Le marché libre ne fonctionne pas dans le domaine de l'électricité sans mécanismes d'État. La principale raison est simple : contrairement à la quasi-totalité des autres biens et services que nous achetons, l'électricité dont nous avons besoin en permanence ne se stocke pas, ou très mal. Et les lois de la physique étant têtues, ce problème risque de ne pas être résolu avant bien longtemps.

Pour atténuer ces problèmes, il faudrait que les électricités éolienne et photovoltaïque servent à de nouveaux usages en remplacement des énergies fossiles. Par exemple, on pourrait essayer de remplacer les véhicules fonctionnant au pétrole par des véhicules électriques se rechargeant prioritairement aux moments où ces moyens produisent. On y viendra peut-être grâce aux compteurs intelligents permettant de faire varier le tarif pour le consommateur à plusieurs moments de la journée, et capables de communiquer ces tarifs aux appareils consommateurs. Mais c'est tout sauf simple !

En France, la majorité des installations de production électrique (des réacteurs nucléaires) ont été mises en service dans les années 1980. Il y a eu peu d'investissements depuis, et – c'est normal – ces installations vieillissent. Il faudra donc soit les remplacer (par quoi ?) soit les rénover pour les faire durer plus longtemps. Dans tous les cas, cela coûtera de l'argent. Il est donc très probable que le prix de l'électricité augmentera. Il est tout aussi probable que le prix des énergies fossiles augmentera également, conséquemment à leur raréfaction et à la hausse de la demande. J'espère que le prix de l'électricité s'élèvera moins vite que celui des énergies fossiles pour que la part de l'électricité s'accroisse et que la pollution diminue. Mais rien n'est moins sûr.

10 Mythes et légendes énergétiques

Le développement d'Internet a probablement largement joué dans la propagation des théories du complot et de nombreuses croyances sans fondement. Le domaine de l'énergie n'y échappe pas. Régulièrement sont publiés des articles sur des technologies miraculeuses permettant d'avoir de l'énergie en abondance, ou de ne pas en consommer. Les professionnels de l'énergie, vendeurs de pétrole, d'électricité et autres lobbys en tout genre, empêcheraient la diffusion de ces géniales inventions. Les laboratoires de recherche publics, qui ne parviennent jamais à vérifier la véracité de ces inventions contraires aux lois de la physique, seraient donc tous incompétents ou à la solde des lobbies. Les constructeurs d'automobiles se seraient cassé la tête à développer l'injection électronique ou le moteur hybride pour consommer moins de carburant alors que le moteur à eau pouvait résoudre tous les problèmes. Aucune PME ne s'aventurerait à commercialiser ces inventions hautement lucratives par peur des représailles des lobbies. C'est risible.

L'hydrogène est souvent présenté comme une énergie propre. Les véhicules à hydrogène existent et ne rejettent que de l'eau. C'est exact. Mais il n'y a pas, ou quasiment pas, d'hydrogène dans la nature. Actuellement, il est généralement produit par transformation de méthane, énergie fossile. Il peut aussi être produit avec de l'électricité, par électrolyse de l'eau, et devient alors un moyen de stockage d'énergie. À cause des pertes inévitables, l'énergie récupérée est forcément inférieure à celle utilisée initialement : pour récupérer 1 kWh d'électricité, il faut en avoir produit 3, et les perspectives d'amélioration sont minces (la technologie de la pile à combustible qui permet de transformer l'hydrogène en électricité n'est pas nouvelle, elle a d'ailleurs été utilisée par la NASA pour aller sur la lune). L'hydrogène peut permettre de faire avancer des véhicules, cette technologie de stockage pourrait être plus intéressante que celle des batteries, mais il n'y a là rien qui change fondamentalement les problèmes énergétiques. De plus, comme pour tout stockage d'énergie, des dangers existent. Ainsi Étienne Beeker, conseiller scientifique en charge des questions énergétiques chez France Stratégie, écrivait dans une note de 2014 « l'utilisation généralisée d'hydrogène à la pression énorme de 700 bars soulève des problèmes de sécurité considérables » [Beeker]. Le professeur Jacques Foos, qui fut directeur du laboratoire des sciences nucléaires du Conservatoire National des Arts et Métiers, écrivait à propos de vélos électriques à hydrogène : « Chaque vélo transporte 35 grammes d'hydrogène. Lors de l'explosion, ces 35 grammes d'hydrogène dégagent autant d'énergie que pratiquement 1 kg de TNT ! Les terroristes de Daesh sont des « plaisantins » à côté, en se baladant avec leur ceinture d'explosifs ». « En qualité de citoyen un peu connaisseur des problèmes liés à l'hydrogène puisque j'ai dirigé un laboratoire de recherche utilisant ce gaz, je ne peux que m'indigner de cette utilisation » [Foos].

Encore mieux dans le même style : le moteur à air. Il fonctionne aussi, et permet des voitures sans pollution, clament certains journalistes. C'est vrai, mais il faut que cet air soit comprimé, ce qui nécessite un compresseur, qui ne fonctionne pas sans énergie. Là encore, il s'agit d'un stockage d'énergie, et non d'une source, avec des pertes importantes.

Certains croient dur comme fer au moteur à eau. Regardez sur une bouteille d'eau le contenu en calories : il est nul. Si l'eau ne fait pas grossir, c'est parce qu'elle ne contient aucune calorie, donc d'énergie. Un réservoir d'eau ne représente une quantité d'énergie que s'il est placé en hauteur, comme toute masse. Et on imagine mal une immense citerne d'eau au-dessus de chaque véhicule permettant le mouvement à la manière de la turbine d'un barrage (il faut 1 200 m^3 d'eau à une hauteur de 3 mètres pour avoir potentiellement la même quantité d'énergie que dans un litre d'essence). À moins d'aller chercher l'énergie nucléaire des atomes d'eau : tous les atomes possèdent une énorme énergie de cohésion proportionnelle à leur masse. Mais si les centrales nucléaires fonctionnent à l'uranium et non à l'eau, c'est parce qu'on est incapable à l'heure actuelle de réaliser la fission nucléaire des atomes d'eau.

Le moteur à eau est parfois confondu avec le moteur Pantone. L'idée de cet inventeur est d'utiliser la chaleur des moteurs à explosion pour créer de la vapeur d'eau et l'injecter avec l'admission d'air afin de réduire la température de combustion et améliorer son rendement. Le principe ne paraît pas contraire aux lois de la physique, puisqu'il s'agit de récupérer de la chaleur, donc de l'énergie. De nombreux sites internet expliquent comment s'y prendre pour adapter le système sur un moteur existant ; de nombreux bricoleurs du dimanche affirment avoir ainsi bricolé leur voiture et diminué leur consommation. Des petites entreprises commercialisent pour quelques centaines d'euros des « kits » permettant prétendument d'économiser du carburant en injectant de l'eau. Des municipalités l'ont même installé sur leurs véhicules : les communes de Neuilly-Plaisance, Vitry-sur-Orne, Calvi ou Cahors ont tenté l'expérience. Mais la commune de Neuilly-Plaisance en a cessé l'utilisation car « cette technique a encrassé et endommagé les moteurs ». À Cahors, on a arrêté également au motif que « les économies ne suffisent pas à amortir l'investissement » [France info]. Aucun constructeur automobile ne commercialise ce système. Les fabricants de voiture passeraient donc à côté de cette géniale invention pour ne pas s'attirer les foudres de leurs amis pétroliers, ou parce qu'ils développent le moteur électrique sous la pression du lobby nucléaire. Pourquoi alors auraient-ils développé d'autres systèmes d'économie de carburants ? Rappelons que la consommation des véhicules commercialisés a considérablement diminué ces dernières décennies : d'après l'entreprise Statista la consommation moyenne de carburant d'une voiture française a diminué de 12 % entre 2004 et 2018. Les véhicules d'aujourd'hui consomment beaucoup moins que ceux des années 70 malgré une forte augmentation de leur masse. Les constructeurs ont donc largement amélioré leurs moteurs, ils utiliseraient donc ce système d'injection d'eau s'il était efficace et sans problème. Le ministère de l'Écologie a communiqué : « Les services du ministère n'ont à ce jour jamais eu connaissance de preuves formelles, d'études ou d'essais réglementaires prouvant les gains en termes de consommation de carburant et de réduction des émissions de gaz polluants ». L'Agence de l'environnement et de la maîtrise de l'énergie (Ademe) affirme que les tests réalisés à l'Institut français des sciences et technologies des transports, de l'aménagement et des réseaux « n'étaient pas assez probants en termes d'économie de carburant pour poursuivre les investigations ». J'ai contacté à ce propos Yannick Benard, un des responsables du Centre de Recherche, d'Innovation Technique et Technologique en Moteurs et Acoustique Automobile de Bruay La Buissière (62), il explique que « l'évolution des moteurs depuis ces dernières décennies procure dans tous les cas des gains de consommation et une réduction des polluants bien plus importants que ce qui était annoncé avec ce système ». Il n'y a donc pas de complot pour cacher au grand public une technologie révolutionnaire.

La théorie du pétrole abiotique remet en question l'origine biologique du pétrole. Des réactions chimiques miraculeuses permettraient aux gisements de pétrole de s'autoreconstituer au fur et à mesure qu'on les exploite. On se demande alors bien pourquoi les firmes pétrolières iraient toujours chercher le pétrole plus loin dans des conditions d'extraction plus difficiles et plus coûteuses.

L'effet Dumas : une boule de métal dans l'eau branchée sur l'électricité génèrerait plus d'énergie qu'elle n'en consommerait. C'est, en tout cas, ce que prétend l'inventeur Jean-Christophe Dumas, un Français indépendant. Un tel phénomène remettrait en question les lois de la thermodynamique. Philanthrope, l'inventeur en a mis à disposition les plans sur Internet (https://www.effet-dumas.org). Curieusement aucun laboratoire de recherche scientifique n'a, à ma connaissance, publié quoi que ce soit sur cette révolution de la physique, aucun entrepreneur ne s'est emparé de l'idée pour tenter de faire fortune. Le magazine « l'Obs » s'est penché sur la question et a interrogé des spécialistes de la thermodynamique. L'un deux s'est énervé : « ce n'est pas du tout sérieux, le protocole est risible, je ne souhaite pas perdre une seconde ni avoir mon nom mêlé à ces fumisteries ». Michel Pons, thermodynamicien et directeur de recherche au CNRS déclarait : « mesurer correctement la température est une chose très difficile. Il faut vraiment être spécialiste pour qu'il n'y ait pas de biais, et l'interprétation est aussi souvent difficile. » [LOBS].

L'énergie du vide aurait été, selon certains, mise en évidence par l'ingénieur Nikola Tesla. Si ce scientifique a bien existé, a considérablement fait progresser la technologie des machines électriques et donné son nom à une unité de champ magnétique, il n'a, à ma connaissance, pas fait apparaître d'énergie miraculeusement. Il doit se retourner dans sa tombe en entendant toutes les inepties qui sont racontées par des gens qui lui vouent un véritable culte sans bien comprendre ce qu'ils racontent.

Lester Hendershot aurait, selon certains internautes, développé un moteur capable d'utiliser le champ magnétique terrestre. J'imagine cela assez mal sachant que son amplitude est environ 10 000 fois plus faible que du champ des moteurs électriques courants.

Des sociétés commercialisent des systèmes « miracles » soi-disant capables de faire diminuer la consommation d'électricité. On persuade le client en arguant d'un brevet. Mais un brevet ne garantit en rien l'efficacité d'un système ! J'ai personnellement étudié l'un d'eux qui promet une réduction des factures d'électricité : le système proposé permet effectivement, grâce à des condensateurs, de diminuer le courant électrique circulant dans les câbles en diminuant ce que les électriciens appellent la puissance réactive. Mais celle-ci correspond à des échanges d'énergie et non à une consommation. La facture basée sur la puissance active ne peut diminuer ainsi légèrement que grâce une faible diminution des pertes. La technique est connue depuis bien longtemps et largement utilisée sans système miracle.

Si vous avez du temps à perdre, vous pouvez passer des heures sur internet pour essayer de comprendre ces systèmes miraculeux. Bon courage car tout est fait pour que le lecteur s'y perde avec du vocabulaire souvent incohérent. Moi j'ai renoncé, mais je dois être trop bête, ou trop formaté à la science traditionnelle. Tout de même, aucun des promoteurs de ces énergies miracles n'a fait fortune, ou n'a tout simplement pas réussi à éviter de mettre de l'essence dans sa voiture et à payer ses factures d'électricité.

11 Alors que faire

Tout au long de ce livre, j'ai essayé d'expliquer à quel point les problèmes sont complexes et les éléments de solutions désagréables et insuffisants. Je comprendrais que l'on me reproche de beaucoup critiquer sans essayer de faire progresser la situation. Il est plus facile de critiquer que d'agir. Alors j'ai tout de même essayé de réfléchir à ce qu'on peut essayer de faire pour limiter les dégâts. Voici donc quelques conseils que j'aimerais donner aux décideurs.

Efficacité et sobriété

De nombreuses actions en faveur de l'efficacité énergétique ont été mises en place ces dernières années dans l'industrie, l'éclairage, l'électroménager… Mais le grand chantier qui est à peine entamé est celui de l'isolation des logements. Moins de 300 000 logements rénovés chaque année, dont seulement 40 000 au niveau basse consommation. À ce rythme, il nous faudra au moins 100 ans sans être trop exigeant sur le niveau d'isolation, et 750 ans pour que tout le parc français soit basse consommation ! Le bâtiment est le premier poste de consommation d'énergie en France alors qu'on est capable de faire des bâtiments confortables très peu consommateurs. Le chantier est immense et c'est là que doivent être mis les gros moyens.

Le problème est plus complexe dans les transports. Je doute que de gros progrès d'efficacité permettent aux véhicules routiers que nous utilisons actuellement de consommer beaucoup moins. Il faudra donc de la sobriété : des véhicules plus petits, plus légers, moins équipés, des transports en commun, des vélos, une économie moins dépendante des camions et des déplacements de salariés. Facile à dire quand on sait à quel point les gens sont attachés à leur voiture et aux déplacements aisés. J'avoue ne pas savoir comment s'y prendre politiquement. Augmenter les prix des carburants pour tenter de faire évoluer les comportements est extrêmement délicat, il faudra sans doute des réglementations draconiennes et impopulaires (interdire les véhicules qui consomment trop par exemple).

Une part de sobriété est donc inévitable si on veut contribuer à la lutte contre le réchauffement climatique et se préparer à un monde qui disposera de moins d'énergie. Il faut donc préparer les esprits : demain nous partirons moins et moins loin en vacances, nous aurons sans doute plus froid l'hiver et plus chaud l'été, nous aurons des logements plus petits, nous mangerons moins de nourriture importée, nous achèterons moins de produits électroniques, nous aurons un pouvoir d'achat plus faible.

Transférer la consommation de pétrole et de gaz vers l'électricité

Les ennemis sont, en France, le pétrole et le gaz qui sont importés, polluent et réchauffent le climat. Ils servent essentiellement à se déplacer et à se chauffer, des usages que nous pouvons réduire mais probablement pas suffisamment. Il est donc cohérent de chercher à remplacer le pétrole et le gaz par de l'électricité. On doit donc développer les transports électriques, en commun ou individuels, sur rail comme sur route. Certes la fabrication des automobiles électriques est énergivore mais les études comparatives sur le cycle de vie montrent que, en France, elles divisent au moins par deux les émissions de CO_2.

Pour le chauffage des bâtiments et de l'eau, l'électricité est, en France, moins polluante que le gaz. De plus la technologie des pompes à chaleur est au point : ces systèmes, qui fonctionnent selon le même principe qu'un réfrigérateur, sont capables d'aller chercher des calories dans l'air extérieur, le sol ou l'eau des nappes phréatiques et permettent de se chauffer en consommant deux à trois fois moins d'électricité qu'un chauffage traditionnel. La réglementation a malheureusement incité ces dernières années au chauffage au gaz plus polluant en pénalisant l'électricité d'un coefficient 2,58.

Produire de l'électricité avec des moyens pilotables et peu polluants

Le report des consommations de pétrole et de gaz vers l'électricité n'est pertinent que si l'électricité est produite sans énergies fossiles. Le nucléaire et l'hydroélectricité produisent actuellement 84 % de l'électricité en France de manière extrêmement efficace : peu de pollutions en tous genres, peu de gaz à effet de serre, peu d'impact sur la santé, peu de coupures, un kWh parmi les moins chers d'Europe ! Mais pourquoi donc vouloir tout changer alors que ce système centralisé fonctionne très bien ? Les réacteurs nucléaires français ont essentiellement été mis en service dans les années 80, ils vont atteindre 50 ans dans les années 2030 et il faut prévoir leur remplacement. Certes la construction des nouveaux réacteurs nucléaires ne sera pas aisée mais elle est nécessaire si l'on ne veut pas recourir au gaz. Une partie de la consommation future d'électricité, en particulier celle des véhicules électriques, peut être apportée par l'éolien à condition qu'on pilote la consommation. En effet la recharge des batteries et certains usages électriques peuvent parfois attendre. Le principal inconvénient de l'éolien, sa non pilotabilité, se trouve ainsi atténué ; on a alors un peu moins besoin de centrales pilotables. Cela nécessitera davantage de tarifs fluctuants au gré de l'offre et de la demande d'électricité, incitant les consommateurs à s'adapter via des compteurs intelligents. On pourrait appliquer le même raisonnement au photovoltaïque, mais je suis beaucoup plus réservé en raison de ses impacts environnementaux et de son faible taux de retour énergétique.

Développer des énergies renouvelables thermiques

Quand on parle d'énergies renouvelables, on pense tout de suite à l'éolien et au photovoltaïque qui ont pour inconvénient majeur de fournir selon la météo une électricité difficile à stocker. D'autres renouvelables n'ont pas cet inconvénient et me paraissent plus pertinents. Le solaire thermique, de simples tuyaux dans lesquels circule un fluide caloporteur, permet des apports de chaleur qui se stocke aisément quelques heures, par exemple, dans un ballon d'eau chaude. Le bois et le biogaz sont bien sûr directement stockables et peuvent permettre de remplacer avantageusement des chaudières au gaz fossile ou au fuel. La géothermie a sans doute encore beaucoup de potentiel en forage profond pour alimenter des réseaux de chaleur, ou associée à des pompes à chaleur. J'oublie probablement des technologies pouvant être pertinentes.

Conclusion, perspectives

Au risque de me répéter, aucun scénario de transition énergétique français ne prétend qu'il soit possible de remplacer les énergies fossiles et nucléaire par des énergies renouvelables, à moins de réduire considérablement la consommation.

Le levier de l'efficacité énergétique fait l'unanimité, puisqu'il s'agit de consommer moins à service rendu égal. Les lois physiques et l'histoire récente des évolutions technologiques montrent que ce levier nécessaire sera insuffisant.

La sobriété énergétique est beaucoup plus complexe à développer, car elle implique des changements considérables de modes de vie et d'organisation de la société. La consommation d'énergie a permis de remplacer les hommes par des machines et de tertiariser l'économie. Moins d'énergie signifie moins de transports, moins de machines, moins de soins médicaux, moins de chaleur, moins de confort, de nourriture, de logements, voire d'éducation et de culture. Moins d'énergie signifie plus de tâches ingrates, donc de travail et peut-être même d'emplois, mais paradoxalement moins d'activités humaines, moins d'échanges de biens et de services, donc moins de richesses. La sobriété et la pauvreté sont des notions proches.

Peut-être que des innovations technologiques insoupçonnées pourraient voir le jour et modifier la donne. Mais à l'heure actuelle, on ne voit pas quelle technologie miraculeuse pourrait être prête suffisamment rapidement. Or nous manquerons de pétrole et de gaz avant le siècle prochain, or les pollutions et le réchauffement climatique sont des problèmes urgents. Les lois physiques sont incontournables et les progrès technologiques futurs ne repousseront pas leurs limites. Certes, Einstein a remis en question au début du XXe siècle certaines lois physiques alors admises par la communauté scientifique, mais compter sur une révolution de ces lois pour résoudre ces immenses problèmes me paraît bien hasardeux.

L'optimisme de certains, qui croient que le génie humain et la technologie vont permettre de trouver des solutions à tous ces problèmes, me semble lié à une méconnaissance de la physique. Ce sont parfois les mêmes qui critiquent la science et la technologie, et qui leur font ici aveuglément confiance pour trouver des solutions miracles.

Les humains ont été capables de faire des choses extraordinaires, de modifier leur environnement comme aucune autre espèce animale n'en a été capable, et de résoudre d'immenses problèmes. Oui, mais toujours en consommant plus d'énergie !

Fabriquer des outils, construire des logements confortables, des écoles, imprimer des livres pour partager la connaissance, développer le télégraphe puis le téléphone, produire de la nourriture pour des milliards d'êtres humains, conserver la nourriture, fabriquer des appareils électroménagers, des produits d'hygiène, des vélos, des automobiles, des trains, des avions incroyables permettant d'aller aisément d'un bout à l'autre de la planète, aller sur la Lune, éviter les épidémies, créer des radios, des télévisions, des cinémas, des stades, des salles de spectacle, des ordinateurs, des GPS, des voitures sans chauffeur, prévoir la météo, développer ce fantastique outil qu'est Internet, envoyer des images à des milliers de kilomètres en une fraction de seconde, réaliser une transplantation cardiaque, fabriquer des lunettes, des prothèses de hanche, des scanners, des ascenseurs… Tout cela est absolument fabuleux ! Oui, mais tout cela demande toujours plus d'énergie ! Tout cela n'est donc pas durable. Une réalité qui me paraît aujourd'hui incontournable, une réalité bien difficile à admettre pour moi qui ai toujours admiré la science, la technologie, le génie humain et les énormes progrès qui en ont découlé.

Les énergies fossiles manqueront forcément, les renouvelables et le nucléaire ne permettront pas de les remplacer avant longtemps. Si seulement notre consommation était constante… L'augmentation annuelle de la population comme de la consommation d'énergie mondiale correspond *grosso modo* à une France supplémentaire chaque année ! Pour que chacun des dix milliards d'êtres humains de 2050 ait accès à seulement la moitié de la consommation énergétique actuelle d'un Français, il faudrait une augmentation de plus de 40 % de la consommation énergétique mondiale. Limiter la reproduction n'est pas naturel pour des êtres vivants qui veulent toujours croître et multiplier. Mais il est clair que l'augmentation de la population amplifiera les problèmes et obligera à partager des ressources limitées entre un nombre plus grand d'êtres humains, donc à en avoir moins par personne.

Trois possibilités s'offrent aux politiques pour les décennies à venir.

• Consommer beaucoup moins d'énergie. Cela signifie une réorganisation complète de la société qui sera bien difficile à faire accepter à la population. Certains parlent d'une société plus sobre, je dirais plutôt une société plus pauvre. On ne peut pas vivre à la manière des pays riches en consommant peu d'énergie. Or les habitants des pays peu consommateurs ont bien souvent le désir d'en consommer plus. Il paraît peu probable que des politiques puissent être élus démocratiquement en préconisant la sobriété énergétique. Il ne s'agit pas seulement de se passer de smartphone, de tablette, de téléviseur dernière génération, de spa, d'automobile de luxe, de week-end à la mer ou de vacances dans les îles. Les conséquences du manque d'énergie toucheront le logement, la santé, l'éducation, l'alimentation, la culture… Le risque de révoltes et de guerres n'est pas à exclure tant les conséquences économiques et sociales peuvent être importantes. L'énergie et la croissance ont toujours été liées ; il me paraît très improbable que l'on puisse consommer moins d'énergie sans décroissance économique, c'est-à-dire sans s'appauvrir. Le partage du gâteau est plus difficile lorsque sa taille diminue, et encore plus si l'on est plus nombreux.

• Développer le nucléaire. Bien sûr, le nucléaire peut être dangereux, mais il l'est moins que les énergies fossiles et que le manque d'énergie. Je pense que le rapport bénéfice/risque lui est largement favorable, qu'on aura moins de problèmes avec que sans. Le nucléaire n'est pas une solution miracle face aux immenses problèmes évoqués. C'est, comme pour les énergies renouvelables, une possibilité qui permettra de moins manquer d'énergie et de moins recourir aux énergies fossiles plus dangereuses. Pour autant, le nucléaire ne pourra pas être développé partout à un rythme suffisant pour fournir dans les décennies à venir toute l'énergie manquante. Les problèmes seront importants avec ou sans nucléaire. Peut-être que, dans un avenir lointain, il fournira une part importante de l'énergie des humains, mais pour les décennies à venir, le discours des antinucléaires étant plus facile à comprendre et plus médiatisé que celui des pros, je doute que le nucléaire se développera significativement.

• Continuer à exploiter les énergies fossiles – le charbon, les pétroles non conventionnels et le gaz de schiste en particulier –, puisque les ressources existent, et donc amplifier les pollutions et le réchauffement climatique avec des conséquences telles que maladies respiratoires, inondations, tempêtes… Je ne me fais aucune illusion : les êtres humains iront chercher tout le charbon, le gaz et le pétrole qu'il sera énergétiquement rentable d'aller chercher. Ces énergies sont trop incroyablement pratiques et faciles à utiliser pour que l'on s'en passe. On exploitait les renouvelables bien avant les fossiles. Ce sont ces dernières qui ont permis aux humains d'évoluer comme jamais ils n'avaient évolué, et les humains n'y renonceront que lorsqu'ils y seront obligés par les lois de la physique. Le réchauffement climatique et la pollution ont donc de beaux jours devant eux.

Les ressources fossiles devant inéluctablement finir par décliner, les énergies renouvelables et nucléaires n'étant probablement pas près de les remplacer en quantité suffisante, l'efficacité énergétique étant limitée, nos problèmes vont inévitablement s'accroître. Un point de vue pessimiste dont il est important de prendre conscience si l'on veut continuer à vivre en paix et en démocratie. Inutile d'en vouloir aux politiques si, une fois au pouvoir, ils n'améliorent pas le pouvoir d'achat et le niveau de vie des citoyens. Ça n'est pas forcément à cause de leur incompétence, de leur corruption ou de leur manque de volonté, c'est aussi à cause de lois physiques contre lesquelles ils sont impuissants. Avoir un pouvoir d'achat élevé, c'est dépenser beaucoup d'énergie. Augmenter ou baisser les taux d'intérêt, créer de la monnaie ou lutter contre l'inflation, tout cela ne change pas la physique. Après la crise de 2008, on a trouvé des milliards pour sauver les banques parce qu'il suffisait de changer des chiffres dans des ordinateurs, mais on ne peut pas gérer ainsi l'énergie.

J'entends ici et là que les énergies renouvelables, les lampes à LED, le végétarisme, la culture bio, les jardins potagers, les monnaies locales, le compostage, le tri sélectif, le recyclage, l'auto-partage, les petits gestes du quotidien, la lutte contre le gaspillage… vont nous permettre de vivre heureux. Je n'ai rien contre ces idées qui permettront sans doute d'arrondir les angles. Je ne m'éclaire d'ailleurs qu'avec des lampes basse consommation, je mange très peu de viande et je trie consciencieusement mes déchets, mais je doute que ces idées changent les ordres de grandeur. Je constate qu'elles émanent souvent d'habitants de pays riches qui, même en faisant attention, sont très dépendants de l'énergie. Ceux qui vivent déjà vraiment dans la sobriété désirent généralement en sortir. Bien des gens qui s'imaginent heureux dans un monde sobre ne se rendent pas compte de ce que sera ce monde. Cela dépend, bien sûr, de ce qu'on appelle le bonheur, vaste débat. Ma conviction est que l'énergie ne fait pas le bonheur, mais elle y contribue fortement.

Bibliographie

[Académie] Académie des Technologies, *Trajectoires d'évolution du mix électrique 2020-2060, commentaires d'une étude Ademe publiée le 10 décembre 2018*, janvier 2019.

[Ademe 2013] Ademe, *Contribution de l'Ademe à l'élaboration de visions énergétiques 2030-2050. Synthèse avec évaluation macro-économique*, 2013.

[Ademe 2015] Ademe, *Un mix électrique 100 % renouvelable ? Analyses et optimisations*, 2015.

[Ademe 2017] Ademe, *Actualisation du scénario énergie-climat, Ademe 2030-2050,* 2017.

[Ademe 2018] Ademe, *Trajectoires d'évolution du mix électrique 2020-2060*, 2018.

[Ancre] Agence nationale de coordination de la recherche pour l'énergie, *Scénarios de l'ANCRE pour la transition énergétique*, 2013.

[Auzanneau] Mathieu Auzanneau, *Or noir. La grande histoire du pétrole*, La Découverte, 2015.

[Barré] Bertrand Barré, *Le Nucléaire, débats et réalités*, Ellipses, 2011.

[Basdevant] Jean-Louis Basdevant, *Maîtriser le nucléaire*, Eyrolles, 2012.

[Beeker] Étienne Beeker, *Y a-t-il une place pour l'hydrogène dans la transition énergétique ?*, note d'analyse de France Stratégie n° 15, août 2014.

[Bellal] Amar Bellal, « Jeremy Rifkin, le nouveau prophète de l'énergie de l'industrie du Nord-Pas-de-Calais », https://environnement-energie.org/

[Ben Ahmed] Hamid Ben Ahmed, Bernard Multon, Yaël Thiaux, « Consommation d'énergie, ressources énergétiques et place de l'électricité », *Techniques de l'ingénieur*, d3900, 2011.

[Bihouix low tech] Philippe Bihouix, *L'Âge des low-tech. Vers une civilisation techniquement soutenable*, Éditions du Seuil, 2014.

[Bihouix mythe] Philippe Bihouix, « Du mythe de la croissance "verte" à un monde post-croissance », extrait de *Crime climatique, stop !*, Éditions du Seuil 2015. http://rue89bordeaux.com/2015/09/du-mythe-de-la-croissance-verte-a-un-monde-post-croissance/

[Bonnaterre] Raymond Bonnaterre, « Puissance électrique intermittente éolienne et photovoltaïque en Allemagne : simulation simplifiée d'écrêtage des pointes », *Techniques de l'ingénieur*, mai 2014.

[BL] BL évolution, « Comment s'aligner sur une trajectoire compatible avec les 1,5° », février 2019.

[BP] *BP statistical review of world energy*. http://www.bp.com/en/global/corporate/energy-economics/statistical-review-of-world-energy.html

[Bréon SPS] François-Marie Bréon, « La problématique de l'énergie dans les rapports du GIEC », revue Sciences et pseudo-sciences n° 329, juillet-septembre 2019, pp. 23-26.

[Burtin-Silva 2015] Alain Burtin, Vera Silva, EDF, « Technical and economic analysis of the European system with 60% RES », 2015.

[Carminel] Thierry Carminel, « L'impossible découplage entre énergie et croissance », http://decroissance.blog.lemonde.fr/2013/06/16/impossible-decouplage/

[CEW] Clean Energy Wire, *Germany's three lignite mining regions*, https://www.cleanenergywire.org/factsheets/germanys-three-lignite-mining-regions

[CGDD 135] Commissariat Général au Développement Durable, publication n° 135, *Un habitat plus compact et moins énergivore : pour quels coûts de construction ?*, décembre 2015.

[Charlez] Philippe Charlez, *Croissance, énergie, climat, dépasser la quadrature du cercle,* De Boeck supérieur, 2017.

[CHU] Steven Chu, « La transition énergétique ne va pas assez vite », journal *Le Monde* du 5 octobre 2019.

[Clack] Christopher T.M. Clack, Staffan A. Qvist, Jay Apt, Morgan Bazilian, Adam R. Brandt, Ken Caldeira, Steven J. Davis, Victor Diakov, Mark A. Handschy, Paul D.H. Hines, Paulina Jaramillo, Daniel M. Kammen, Jane C.S. Long, M. Granger Morgan, Adam Reed, Varun Sivaram, James Sweeney, George R. Tynan, David G. Victor, John P. Weyant, Jay F. Whitacre, « Evaluation of a proposal for reliable low-cost grid power with 100% wind, water, and solar », *Proceedings of the National Academy of Sciences of the United States of America*, doi:10.1073/pnas.1610381114, 2016.

[Cochet] Yves Cochet, *Pétrole apocalypse*, Fayard, 2005.

[Convention ampoules] Ministère de l'Écologie, de l'Énergie, du Développement durable et de l'Aménagement du territoire, « Convention sur le retrait de la vente des ampoules à incandescence et la promotion des lampes basse consommation », 2008.

[Court] Victor Court, « Énergie nette et EROI (*Energy Return On Investment*). Une autre approche de la transition énergétique », *Informations et Débats*, n° 40, octobre 2015, chaire Économie du climat de l'université de Paris-Dauphine.

[Datalab climat] Commissariat général au développement durable, « Chiffres clés du climat », Ministère de la transition écologique et solidaire, Datalab, édition 2019.

[Datalab énergie] Commissariat général au développement durable, « Chiffres clés de l'énergie », Ministère de la transition écologique et solidaire, Datalab, septembre 2019.

[Devezas] Tessaleno C. Devezas, « The recent global crisis under the light of the long wave theory », *Journal of Globalization Studies*, vol. 3, n° 2, November 2012. http://www.sociostudies.org/journal/articles/147692/

[Diamond] Jared Diamond, *Effondrement*, Gallimard, coll. « NRF Essais », 2006.

[Durand] Bernard Durand, « Dangers et risques, une comparaison de la radioactivité et de la pollution atmosphérique », European Scientist, 2018.

[EDK] « Europe's Dark Cloud. How coal-burning countries are making their neighbours sick », WWF, HEAL, CAN Europe, Sandbag, 2016.

[Efficiency-N] André Berger ; Tom Blees ; François-Marie Breon ; Barry W. Brook ; Marc Deffrennes ; Bernard Durand ; Philippe Hansen ; Elisabeth Huffer ; Ravi B. Grover ; Claude Guet ; Weiping Liu ; Frederic Livet ; Herve Nifenecker ; Michel Petit ; Gérard Pierre ; Henri Prévot ; Sébastien Richet ; Henri Safa ; Massimo Salvatores ; Michael Schneeberger ; Bob Wornan ; Suyan Zhou, « Nuclear energy and bio energy carbon capture and storage, keys for obtaining 1.5 °C mean surface temperature limit », International Journal of Global Energy Issues Vol. 40 No. 3/4, 2017, doi:10.1504/IJGEI.2017.10007761

[EHJ] Jos Lelieveld, Klaus Klingmüller, Andrea Pozzer, Ulrich Pöschl, Mohammed Fnais, Andreas Daiber, Thomas Münzel, « Cardiovascular disease burden from ambient air pollution in Europe reassessed using novel hazard ratio functions », European Heart Journal, Volume 40, Issue 20, 21 May 2019, pp. 1590-1596, https://doi.org/10.1093/eurheartj/ehz135

[Empreinte] Commissariat général au développement durable, « L'empreinte carbone, les émissions cachées de notre consommation », novembre 2015.

[EU Energy] European Commission, « EU energy in figures », statistical pocketbook 2018.

[Finon SPS] Dominique Finon, « Les conséquences d'un tout renouvelable pour la production d'électricité », revue Sciences et pseudo-sciences n° 329, juillet-septembre 2019, pp. 52-57.

[Fischer-Kowalski, Swilling] Fischer-Kowalski M., Swilling M., « Decoupling natural resource use and environmental impacts from economic growth », United Nations Environment Program, 2011.

[Fizaine] Florian Fizaine, Victor Court, « Energy expenditure, economic growth, and the minimum EROI of society », *Energy Policy. The International Journal of Political, Economic, Planning, Environmental and Social Aspects of Energy*, n° 95, pp. 172-186, 2016. http://dx.doi.org/10.1016/j.enpol.2016.04.039

[Foos] Jacques Foos, *Chroniques du XXIe siècle – Regard sur la société d'aujourd'hui pour préparer efficacement celle de demain !*, Éditions HD, 2019.

[France info] À propos du moteur Pantone, https://www.francetvinfo.fr/economie/transports/prix-des-carburants/non-on-ne-vous-cache-pas-la-verite-sur-le-moteur-a-eau-qui-rendrait-les-voitures-plus-propres_3035893.html

[Gadrey] Jean Gadrey, *Adieu à la croissance. Bien vivre dans un monde solidaire*, Éditions Les petits matins, 2010.

[Gadrey blog] Jean Gadrey, « Jeremy Rifkin, le gourou du gotha européen », blog d'*Alternatives économiques*. http://alternatives-economiques.fr/blogs/gadrey/2013/05/09/jeremy-rifkin-le-gourou-du-gotha-europeen-1/

[GIEC-III] « Technology-specific Cost and Performance Parameters », Annexe III du 5e rapport du GIEC-IPCC, 2014.

[GIEC 2014 GT III] Contribution du groupe de travail III au cinquième rapport d'évaluation du groupe d'experts intergouvernemental sur l'évolution du climat, Changements climatiques, L'atténuation du changement climatique, Résumé à l'intention des décideurs, 2014.

[GIEC 2018] Intergovernmental Panel on Climate Change, « Global warming of 1,5 °C », Summary for Policymakers, 2018.

[GEO] Global Electrification, « Fukushima : peu ou pas d'impact des radiations sur la santé humaine », *Lettre géopolitique de l'électricité*, n° 61, 20 mars 2016.

[Giraud intervew] Gaël Giraud, interview sur le blog « Oil Man » de Mathieu Auzanneau, http://petrole.blog.lemonde.fr/2014/04/19/gael-giraud-du-cnrs-le-vrai-role-de-lenergie-va-obliger-les-economistes-a-changer-de-dogme/

[Giraud Kahraman] Gaël Giraud, Zeynep Kahraman, « How dependent is output growth from primary energy ? », Séminaire de l'École d'économie de Paris organisé avec le concours du Commissariat général au développement durable, 2014.

[Grand] Dominique Grand, Christian Le Brun, Roland Vidil, « Un mix électrique à 100 % renouvelable : avec quelles conséquences ? », *La Revue de l'énergie*, n° 631, mai-juin 2016.

[Greenpeace 2013] Greenpeace, « Scénario de transition énergétique », 2013.

[HCC] Haut Conseil pour le Climat, premier rapport annuel, juin 2019.

[Heinberg] Richard Heinberg, *Pétrole : la fête est finie ! Avenir des sociétés industrielles après le pic pétrolier*, Éditions Demi-Lune, collection « Résistances », 2005.

[IEA] International Energy Agency, « Key World Energy Statistics », 2017.

[IEA nuclear power] International Energy Agency, « Nuclear Power in a Clean Energy System », mai 2019.

[Jackson] Tim Jackson, *Prospérité sans croissance. La transition vers une économie durable*, Éditions De Boeck, 2009.

[Jancovici dormez] Jean-Marc Jancovici, *Dormez tranquille jusqu'en 2100, et autres malentendus sur le climat et l'énergie*, Odile Jacob, 2005.

[Jancovici le plein] Jean-Marc Jancovici, Alain Grandjean, *Le plein, s'il vous plaît !*, Éditions du Seuil, 2006.

[Jancovici web] Jean-Marc Jancovici, www.manicore.com. Sur le lien entre énergie et PIB : http://www.manicore.com/documentation/energie.html

[Jouanno] Chantal Jouanno, « L'efficacité énergétique dans l'Union européenne. Panorama des politiques et des bonnes pratiques », Service Observation, économie et évaluation de l'Ademe, pp. 1-52, 2008.

[Kharecha Hansen] Pushker A. Kharecha et James E. Hansen, « Prevented mortality and greenhouse gas emissions from historical and projected nuclear power », *Environmental Science and Technology*, dx.doi.org/10.1021/es3051197| Environ. Sci. Technol., 47, 4889-4895, 2013.

[Koch] Franz H. Koch, *Hydropower-Internalized Costs and Externalized Benefits*, International Energy Agency (IEA) – Implementing Agreement for Hydropower Technologies and Programs, Ottawa, Canada, 2000.

[Kuo] Way Kuo, *Fiabilité de l'énergie renouvelable et nucléaire*, Éditions ISTE, 2015.

[Lassonde] Sylvain Lassonde, *Potentiels et limites météorologiques et climatiques d'un foisonnement des énergies renouvelables*, thèse de Doctorat de l'Université Paris-Saclay soutenue le 21 juin 2018.

[Livet] Frédéric Livet, *L'Effet de l'accident de Fukushima sur la production et la consommation d'électricité du Japon*, Association « Sauvons le climat », 2013.

[LOBS] À propos de l'effet Dumas, https://www.nouvelobs.com/rue89/rue89-planete/20141205.RUE6891/l-effet-dumas-l-energie-miracle-qui-ne-marche-que-sur-facebook.html

[Markandya Wilkinson] Anil Markandya et Paul Wilkinson, « Electricity generation and health », *The Lancet*, vol. 370, pp. 979-990, 2007.

[Master TRI] Conseil régional Nord-Pas-de-Calais, « Master plan de troisième révolution industrielle de la région Nord-Pas-de-Calais », 2013.

[Mc Donald] Robert I. McDonald, Joseph Fargione, Joe Kiesecker, William M. Miller, Jimmie Powell, « Energy Sprawl or Energy Efficiency: Climate Policy Impacts on Natural Habitat for the United States of America », Plosone, August 2009, volume 4, Issue 8.

[Meadows] Donella Meadows, Denis Meadows, Jorgen Randers, *The Limits to Growth, the 30 year update*, Éditions Rue de l'Échiquier, 2004.

[Mix] Commissariat général au développement durable, Chiffres et statistiques, « L'évolution du mix électrique dans le monde entre 1980 et 2010 », avril 2013.

[Mouhot] Jean-François Mouhot, *Des esclaves énergétiques*, Éditions Champ Vallon, 2011.

[Mourik] Maarten Van Mourik et Oskar Slingerland, *La crise incomprise*, Éditions l'Artilleur, 2014.

[Musolino] Michel Musolino, *L'Économie pour les nuls*, 3e édition, Éditions First.

[Negatep] Claude Acket, Hubert Flocard, Claude Jeandron, Hervé Nifenecker, Henry Prévot, Jean-Marie Seiler, *Diviser par quatre les rejets de* CO_2 *dus à l'énergie : le scénario Négatep*, Association « Sauvons le climat », 2017.

[Négawatt 2011] Association Négawatt, « Scénario Négawatt 2011 », 2011.

[Négawatt 2017] Association Négawatt, « Scenario Négawatt 2017-2050 », 2017.

[Négawatt hypothèses] Association Négawatt, « Scénario Négawatt 2017-2050, Hypothèses et résultats », 2018.

[Oil man] Mathieu Auzanneau, blog consacré au pétrole, http://petrole.blog.lemonde.fr/

[OMS Tchernobyl] Organisation mondiale de la santé, *Effets sanitaires de l'accident de Tchernobyl*, 2006, http://www.who.int/mediacentre/factsheets/fs303/fr/

[Pitron] Guillaume Pitron, *La guerre des métaux rares*, Éditions Les liens qui libèrent, 2018.

[Rabl Spadaro] A. Rabl & J.V. Spadaro, « Les coûts externes de l'électricité », *Revue de l'énergie*, n° 525, pp. 151-163, mars-avril 2001.

[Raugei] Marco Raugei, Enrica Leccisi, « A comprehensive assessment of the energy performance of the full range of electricity generation technologies deployed in the United Kingdom », *Energy Policy*, vol. 90, March 2016, pp. 46-59. doi:10.1016/j.enpol.2015.12.011

[Rifkin] Jeremy Rifkin, *La Troisième Révolution industrielle*, Éditions Les liens qui libèrent, 2012.

[RTE] Réseau de transport de l'électricité, *Les Enjeux du développement du réseau. Schéma décennal de développement du réseau de transport de l'électricité*, édition 2015.

[RTE BP 2017] Réseau de transport de l'électricité, *Bilan prévisionnel de l'équilibre offre-demande d'électricité en France*, édition 2017.

[Sapy] Georges Sapy, « Les énergies intermittentes mettent-elles en cause la stabilité des réseaux ? », revue Sciences et pseudo-sciences n° 329, juillet-septembre 2019, pp. 47-51.

[Systèmes] *Les systèmes électriques de demain*, Éditions Lavoisier, 2018.

[Sorin] Francis Sorin, *Déchets nucléaires : où est le problème ?*, EDP Sciences, 2015.

[Sourrouille] Michel Sourrouille, *Moins nombreux, plus heureux. L'urgence écologique*, Éditions Sang de la terre, 2014.

[SPS 329] « Énergie et climat... rien n'est simple », revue Sciences et pseudo-sciences n° 329, juillet-septembre 2019.

[Treiner SPS] Jacques Treiner, « Combien d'énergie pour produire de l'énergie », revue Sciences et pseudo-sciences n° 329, juillet-septembre 2019, pp. 23-26.

[Thévard] Benoît Thévard, « La diminution de l'énergie nette, frontière ultime de l'Anthropocène », Institut Momentum, séminaire du 13 décembre 2013.

[UNSCEAR] Report of the United Nations Scientific Committee on the Effects of Atomic Radiation to the General Assembly, « Sources, effects and risks of ionizing radiation », 2013.

[Vidal] Olivier Vidal, *Mineral Resources and Energy, Future Stakes in Energy Transition*, Elsevier, 2018.

[Weissbach] D. Weißbach, G. Ruprecht, A. Huke, K. Czerski, S. Gottlieb, A. Hussein, « Energy intensities, EROIs (energy returned on invested), and energy payback times of electricity generating power plants », *Energy*, vol. 52, pp. 210-221, April 2013. http://dx.doi.org/10.1016/j.energy.2013.01.029

[WEO] « World Energy Outlook 2014 », International Energy Agency, 2014.

[wiki Fukushima] Wikipédia, « Conséquences sanitaires et sociales de l'accident nucléaire de Fukushima ». https://fr.wikipedia.org/wiki/Cons%C3%A9quences_sanitaires_et_sociales_de_l'accident_nucl%C3%A9aire_de_Fukushima#Mesures_de_protection_pour_la_population

[Wingert] Jean-Luc Wingert, *La Vie après le pétrole*, Autrement, coll. « Frontières », 2005.

[World Bank] World Bank Group, « The growing role of minerals and metals for a low carbon future », 2017.

[Wynes] Seth Wines, Kimberly A. Nicholas, « The climate mitigation gap : education and government recommendations miss the most effective individual actions », *Environmental Research Letters*, vol. 12, n° 7, 2017. https://doi.org/10.1088/1748-9326/aa7541

[WWS] Mark Z. Jacobson, Mark A. Delucchi, Mary A. Cameron, Bethany A. Frew, « Low-cost solution to the grid reliability problem with 100% penetration of intermittent wind, water, and solar for all purposes », Proceedings of the National Academy of Sciences of the United States of America, vol. 112, n° 49, December 8, 2015.

MIXTE
Papier issu de sources responsables
FSC® C004472
FSC www.fsc.org

N° éditeur DBSSI20190134
Achevé d'imprimer en février 2020 par Wilco aux Pays-Bas
N° d'impression : 312876